# 钩出超可爱立体小物件100款

## （立体边饰篇）

日本美创出版　编著
何凝一　译

河南科学技术出版社
·郑州·

# EDGING & BRAID
## 饰边&镶边的妙用
# EXAMPLE

既可以钩织成长长的镶边，也可以单独使用，

还可以与花样拼接，组合方式多种多样。

4（下）· 5（上） 作品详见P12
加上几条不同的镶边，更显时尚。

46 作品详见P36
钩织出一朵可爱的花，用作胸花。

47 作品详见P37
拼接长链饰，浪漫独特。

71(A)・73(C)・74(B) 作品详见P53
美味的日式甜点组合成的过家家套装。

76 作品详见P56
用红通通的樱桃作为点缀。

39(下)・41(上) 作品详见P32（39）、P33（41）
收纳篮缠上漂亮的花朵与叶子花样。

57 作品详见P41
用孩子们喜欢的狮子图案作为装饰。

78(上)· 88(下) 作品详见P57(78)、P61(88)
在餐盒与餐垫上加入清爽的水果图案。

7(上)· 8(下) 作品详见P13
手工制作的迎宾牌，让婚礼更难忘。

25 作品详见P24
普通的台板立刻变身为可爱的装饰。

58 作品详见P44
与腊肠狗一起享受快乐的茶点时光吧。

92(左)·94(右) 作品详见P64(92)、P68(94)
在简单的卡片上稍微加入一些花样，立刻有了不一样的味道。

11～14(A)·90(C)·97(D)·99(B) 作品详见P16~17(11~14)、P64(90)、P69(97·99)
用字母和花样做圣诞节的装饰吧。

65(左)·85(右) 作品详见P48(65)、P60(85)
常用的菜篮与围裙上可以加入一些蔬菜花样。

43 作品详见P33
颜色清爽的优雅花样项链。

# 目录

PART

# I

# 人气花样

包括象征幸福的幸运花样，时尚的流行花样，异域风情浓厚的法国、北欧花样等人气花样。

1
2
3

钩织方法：P10　设计制作：河合真弓

## 重点提示 5

作品详见P12

### 花样 B 的钩织方法

1 钩织至第3行。

2 在第3行（步骤1图片★印记位置）中织入第4行的短针和锁针。然后再钩织1针锁针，在第2行的锁针（步骤1图片▲印记位置）中钩织3针短针。

3 钩织完3针短针后暂时取出钩针，将针目置于内侧，插入钩针。

4 继续钩织1针锁针，然后在第3行（步骤1图片■印记位置）中织入短针和锁针。重复步骤2~4，在第3行和第2行的锁针内侧、外侧交替钩织。钩织完成的第4行如图所示。

5 第5行也按照第4行的要领钩织。钩织完1针锁针后，在第2行的锁针中织入短针，接着暂时取出钩针（下图），将针目置于外侧，继续钩织1针锁针，再在相邻的第3行中织入短针。

6 钩织第4行时，如果第3行置于内侧，则在第2行的锁针中入针钩织；如果第4行在第3行环内，则从第3行钩织。花样完成后如图。

## 重点提示 30

作品详见P25

### 配色线的替换方法

1 用a色线钩织圆环至第2行，在最后一个针目引拔钩织时替换b色线。替换完成后如图，接着再钩织第3行立起的1针锁针。

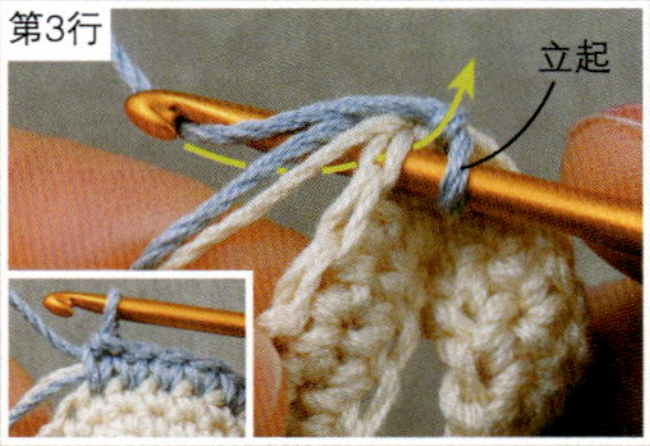


2 用b色线钩织9针短针，钩织时要将a色线与b色线的线头一起包住。将线头包住后就省去处理线头的步骤了。

3 引拔穿过第9针短针的2个线圈时，替换上之前钩织的a色线。接着再用a色线钩织2针短针，同样要将b色线一起包住。

4 引拔穿过第2针短针的2个线圈时，替换上之前钩织的b色线。接着再用b色线钩织短针，a色线暂时停下，放在织片的反面。

5 然后用b色线钩织短针至第4行的第9针，引拔穿过第9针短针的2个线圈时，替换上放在第3行反面的a色线。

6 重复步骤2~5，一边配色一边钩织至最终行。再将线头穿过最终行的8个针目，拉紧。

# 1

约30cm(5½ 组花样)

作品详见P8

Cotton Kona 本白色…2g
New 4PLY 深粉色…4g
钩针3/0号

### 心形

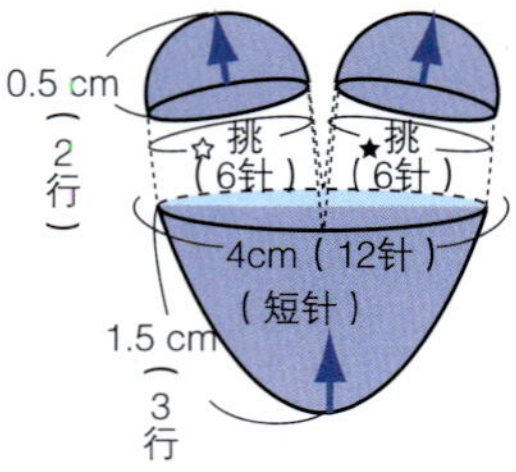


※ 塞入填充棉后，将线头从最终行的针目中穿过，拉紧

### 心形 深粉色

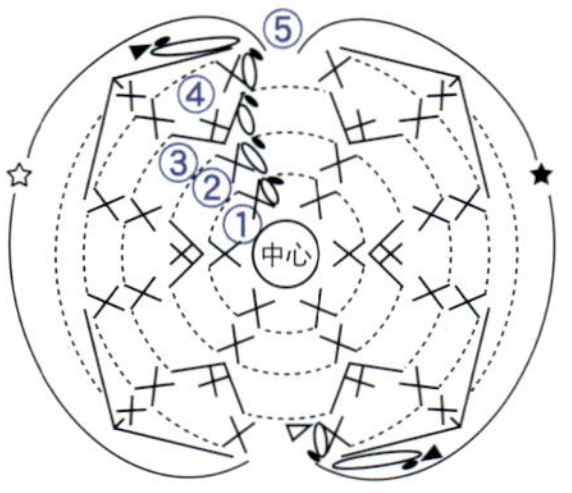


※ 从第4行开始左右分开钩织

### 蝴蝶结 本白色

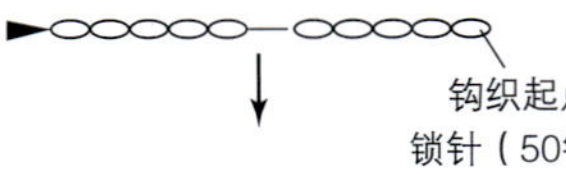


1. 在两端和中央等3个位置打结。

2. 再系成蝴蝶结。

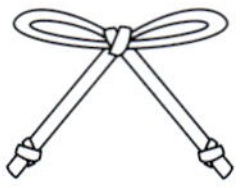

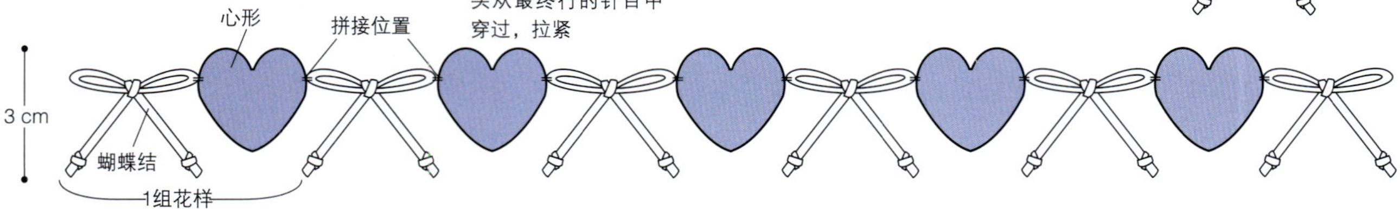


# 2

约 29cm(4½ 组花样)

作品详见P8

Shetland 蓝色…3g，黄色…5g
Luxsic 本白色…4g
钩针5/0号、2/0号

### 帽子

5/0号

—=蓝色
—=黄色

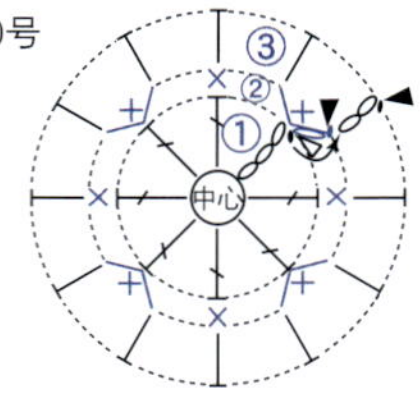


### 装饰

黄色

装饰的钩织起点处和终点处的线头放到帽子的内侧，打结

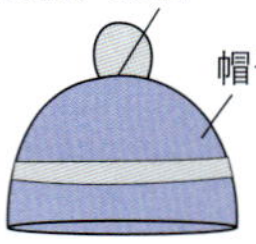


### 雪花 本白色

2/0号

⬬=在此针中钩织引拔针

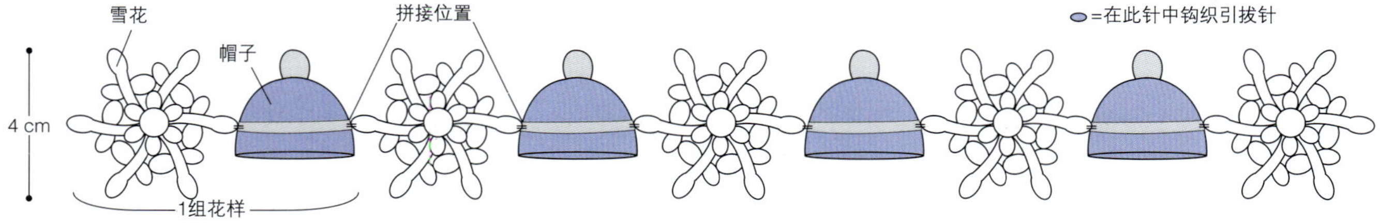


# 3

约 29cm(7 个花样)

作品详见P8

Cotton Kona 米褐色…8g
Silked Fine 茶色…6g
钩针3/0号

### 手提包

—=米褐色
—=茶色(2股线)

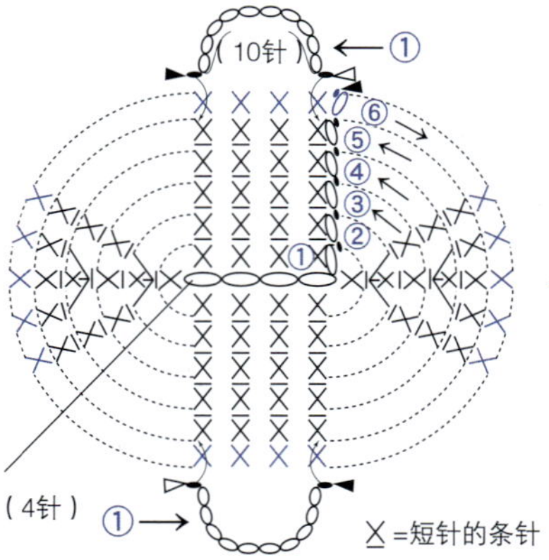


X̲=短针的条针

提手引拔钩织拼接到手提包内侧第5行的短针处

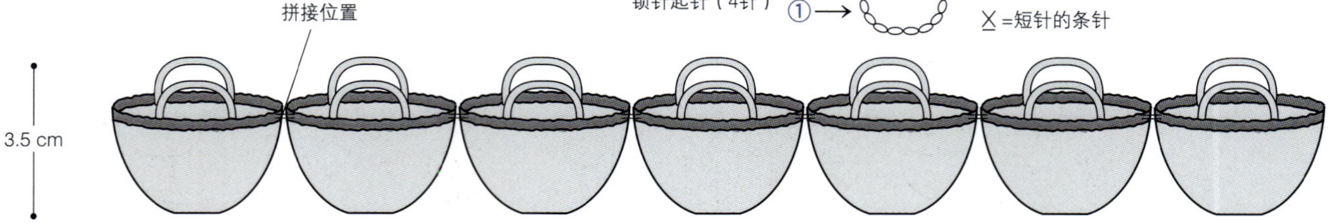

# 4

约 30cm(4½ 组花样)

作品详见P12

Emmygrande 本白色…5g

蕾丝针2号

※ 先钩织A，然后一边将B拼接到A上一边钩织

=在此针中织入3针锁针的狗牙针

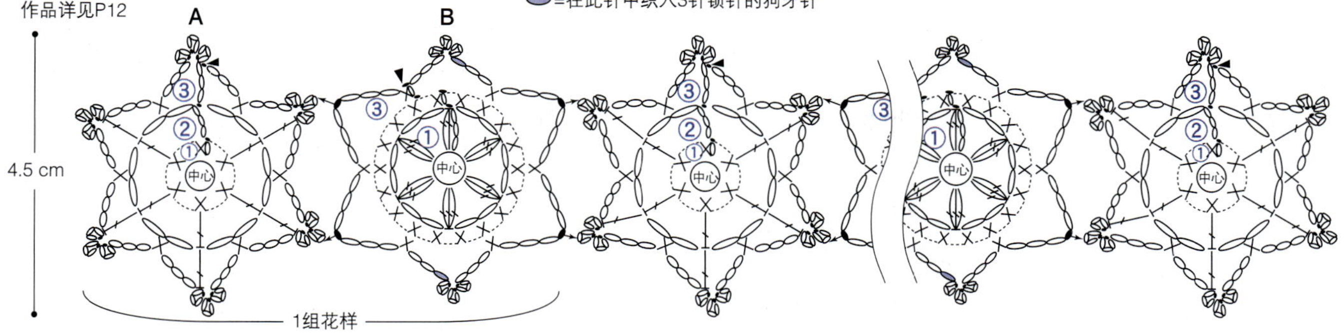


# 5

约 30cm(2½ 组花样)

作品详见P12

重点提示见P9

TiTi Crochet 本白色…8g

Emperor 金银混合线…少许

蕾丝针0号

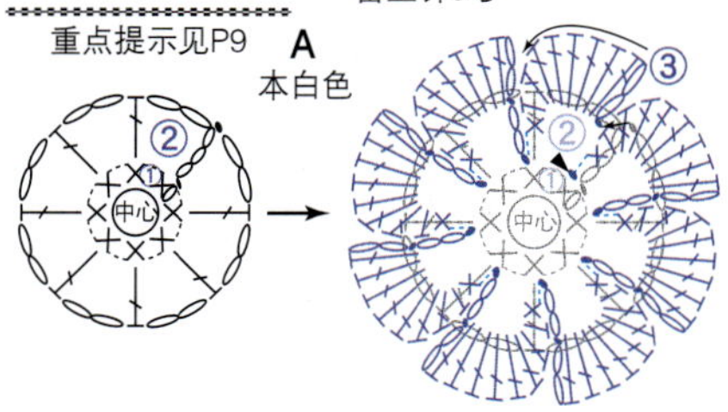


※ 在第3行钩织“2针立起的锁针，将第2行的锁针和长针成束挑起后再引拔钩织”，接着再钩织2针锁针，在第2行的锁针中引拔钩织后再重复“”内的针法

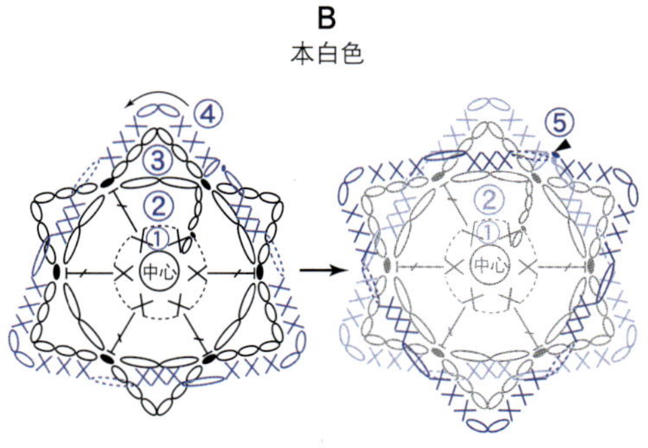


※ 第4、5行的钩织方法参见P9

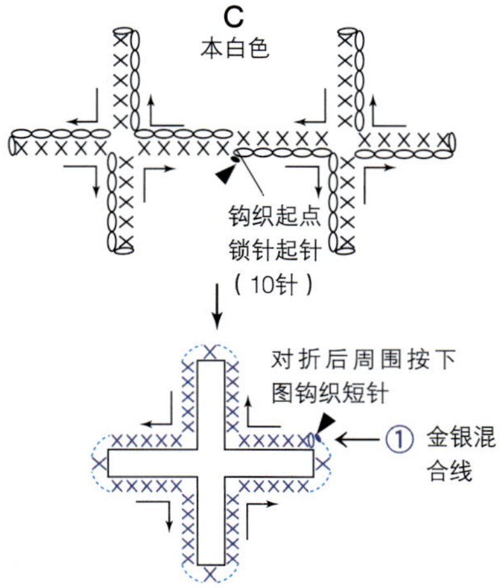


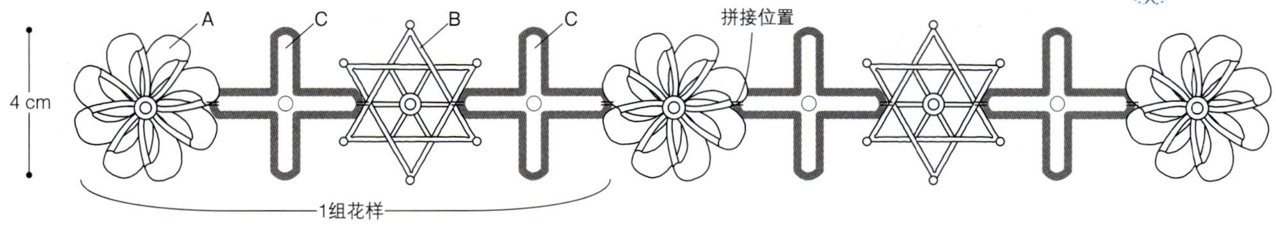


# 6

约 30cm(4½ 组花样)

作品详见P12

Emmygrande 本白色…10g

蕾丝针2号

※ 先钩织A，再一边钩织B，一边将狗牙针部分与A的★印记处拼接钩织

A的针数表

| 行数 | 针数 |
|---|---|
| 3 | 150 |
| 2 | 50 |
| 1 | 10 |

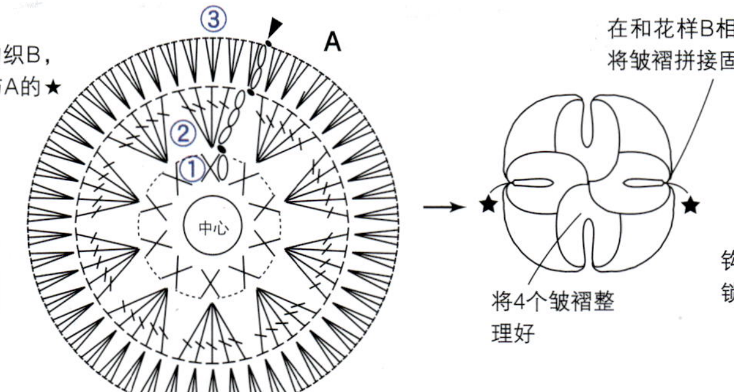


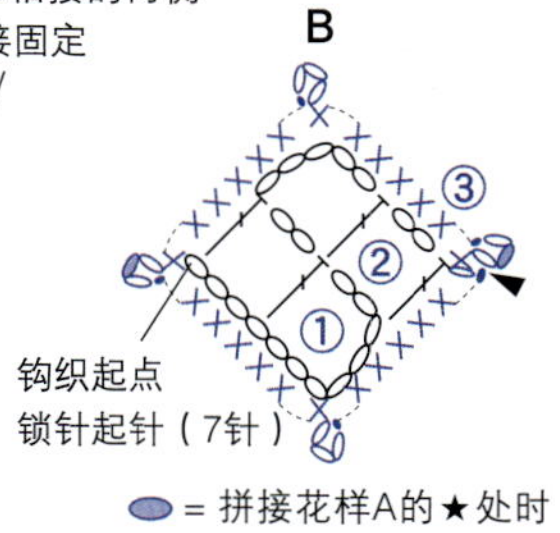


= 拼接花样A的★处时用引拔针

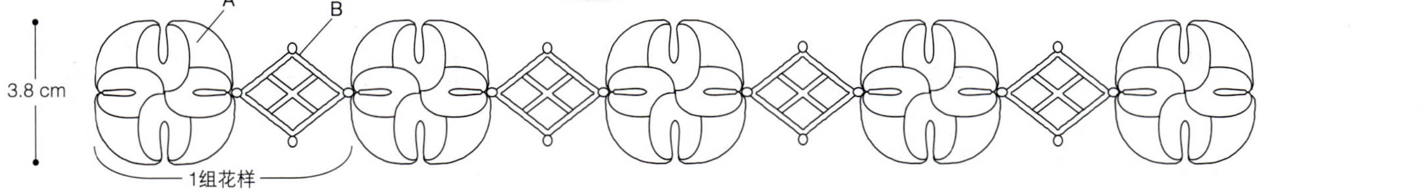

雪花

4

5

6

钩织方法：P11　设计制作：今村曜子

钩织方法：7、8、9见P14，10见P15 设计制作：今村曜子

## 幸运花样

7

8

9

10

# 7

约50cm（4组花样）
作品详见P13

Silk Spin Lame 白色混银色…11g
填充棉少许
蕾丝针0号

## 铃铛舌头

铃铛舌头的针数表

| 行数 | 针数 |
|---|---|
| 4 | 5 |
| 3 | 10 |
| 2 | 10 |
| 1 | 5 |

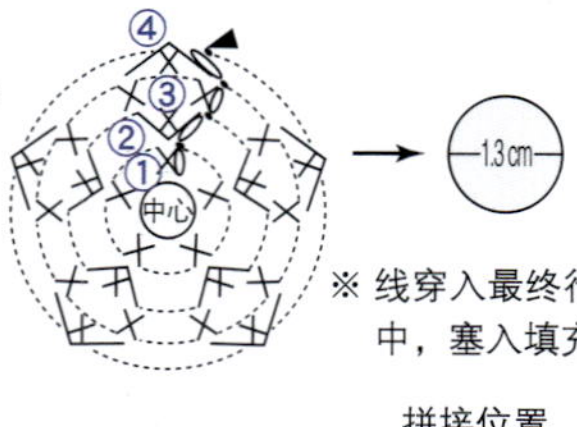


※ 线穿入最终行的5个针目中，塞入填充棉，拉紧

## 铃铛主体

铃铛主体的针数表

| 行数 | 针数 |
|---|---|
| 8 | 24 |
| 7 | 24 |
| 6 | 21 |
| 5 | 18 |
| 4 | 15 |
| 3 | 12 |
| 2 | 9 |
| 1 | 6 |

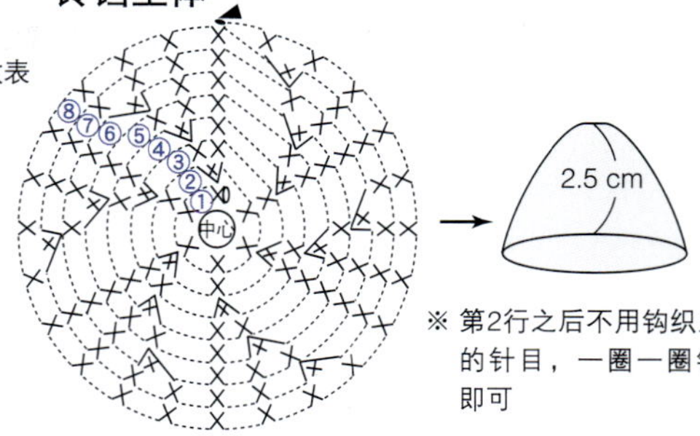


※ 第2行之后不用钩织立起的针目，一圈一圈钩织即可

## 拼接方法

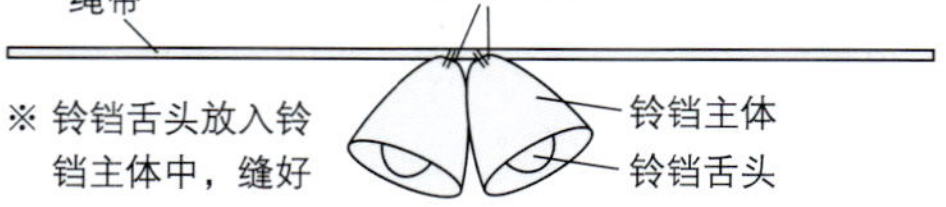


※ 铃铛舌头放入铃铛主体中，缝好

## 绳带

钩织起点
锁针（80针）
30cm

# 8

约28cm(6½ 组花样）
作品详见P13

Emmygrande 本白色…4g，
浅粉色…3g，浅绿色…2g
蕾丝针2号

## 叶子 浅绿色

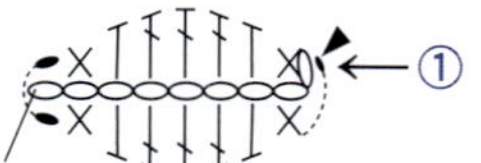

钩织起点
锁针起针（8针）

## 风车 本白色

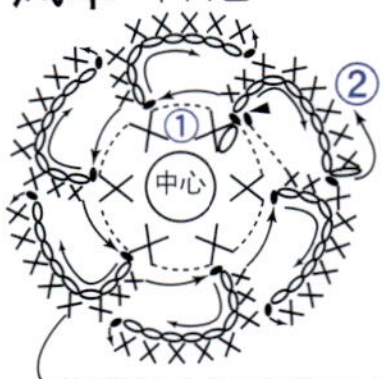


将锁针外侧的横线（半针）和里山挑起后钩织第2行的短针

## 蔷薇 浅粉色

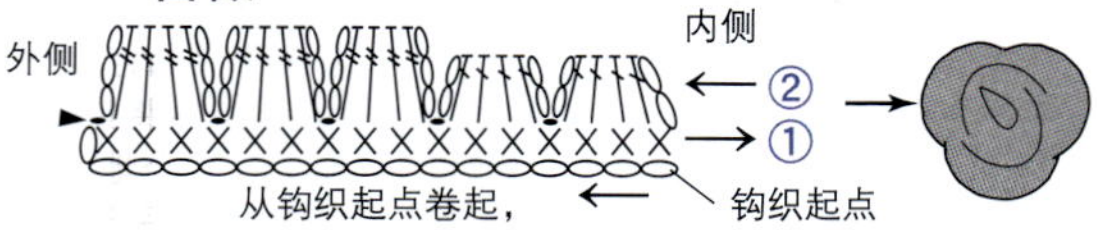


从钩织起点卷起，在反面底部缝好固定

钩织起点
锁针起针（16针）

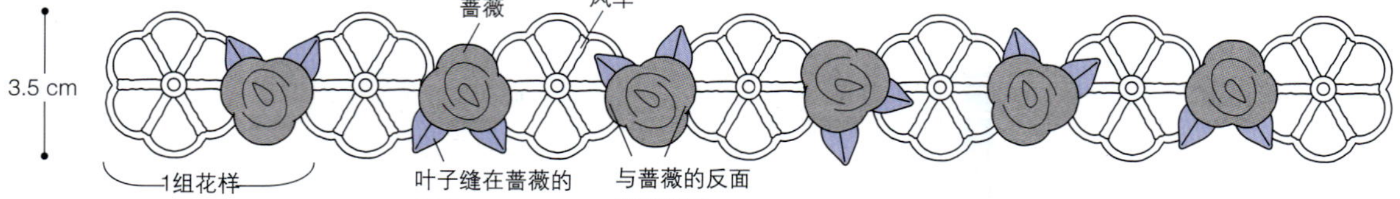


叶子缝在蔷薇的反面

与蔷薇的反面拼接缝好

# 9

约31cm（4组花样）
作品详见P13

Emmygrande 本白色…3g，
粉色…4g
填充棉少许 蕾丝针2号

## 翅膀 本白色

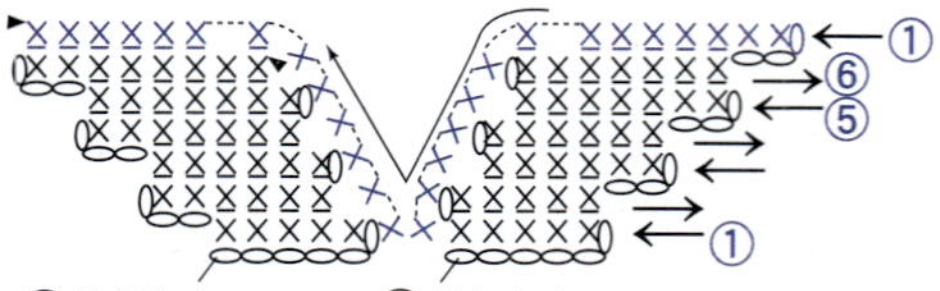

①钩织起点
锁针起针（5针）

②钩织起点
锁针起针（5针）

X =短针的棱针

## 心形（短针）

粉色

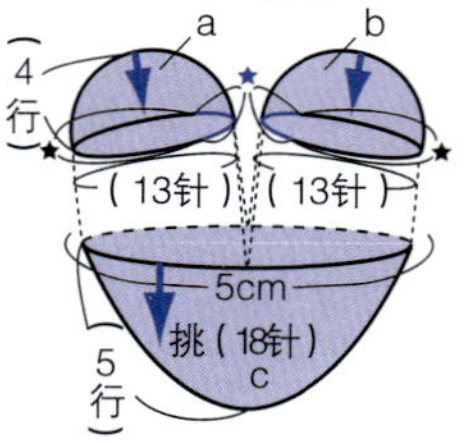


★=4针的部分相接用卷针缝

★=9针的部分继续挑针，全部挑18针后再钩织c

※ 先分别钩织4行a、b，然后从★处挑针，再钩织5行c

## 心形

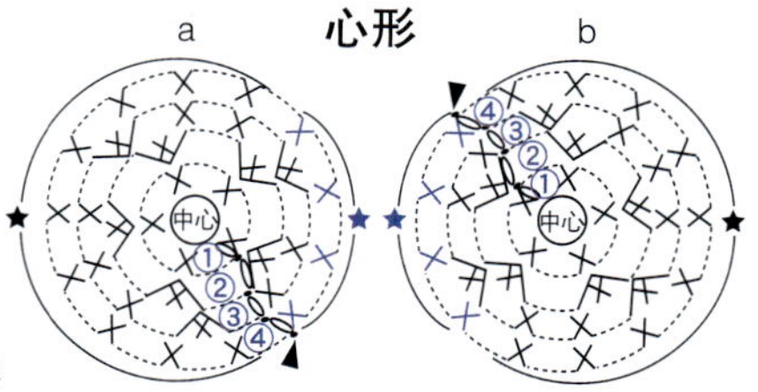


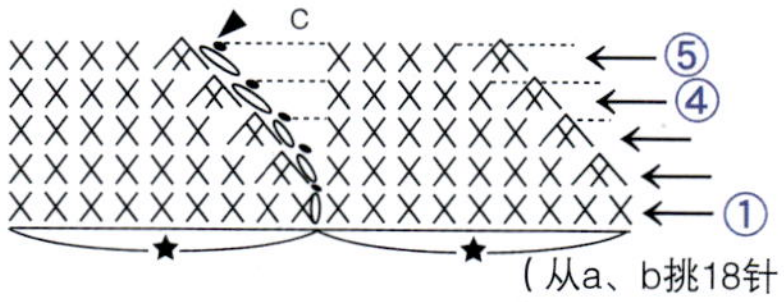


※ 第5行每隔1针挑5针，再将线从中穿过，塞入填充棉后拉紧

# I0

约 27cm(2½ 组花样)

作品详见P13

Emmygrande 本白色…5g，绿色…2g
Emmygrande（Colors）黄绿色…1g
蕾丝针2号

图片为花样反面

### 白色漆姑草

本白色

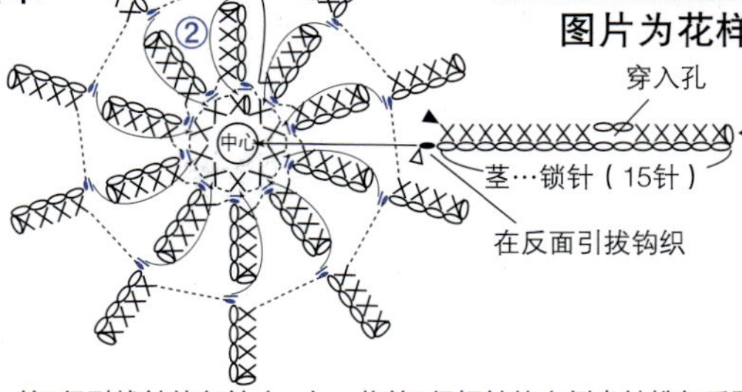


### 四叶草

绿色、黄绿色

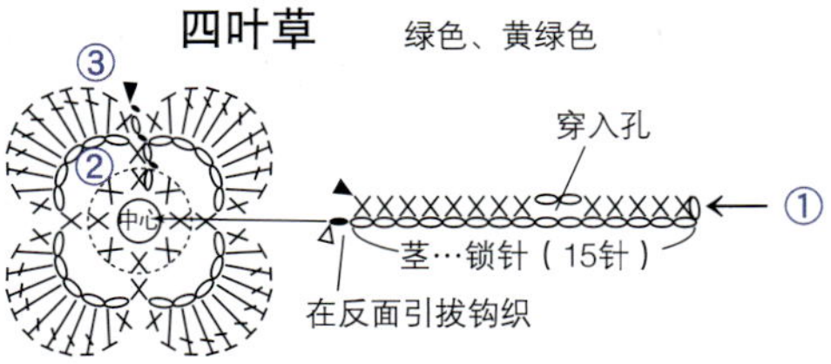


※ 第2行引拔针的条针（●）…将第1行短针的内侧半针挑起后再钩织
第3行引拔针的条针（●）…将第1行短针的外侧半针挑起后再钩织
※将相邻花样的茎插入茎的穿入孔中，拼接（参见上图）

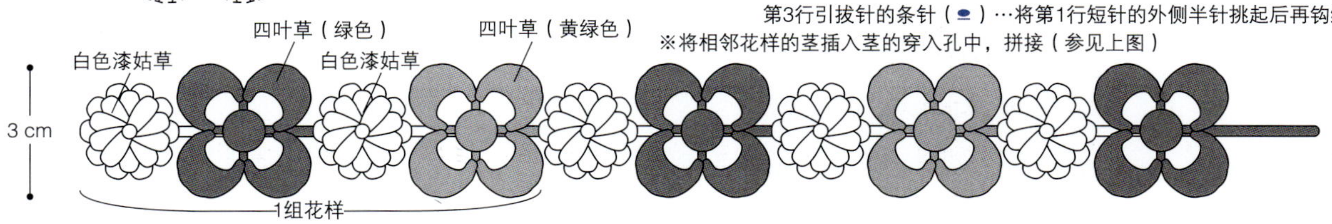


# I8

约 27cm(2¾ 组花样)

作品详见P20

Emmygrande（Lame）本白色…4g，
浅黄色、浅绿色…各3g
蕾丝针0号

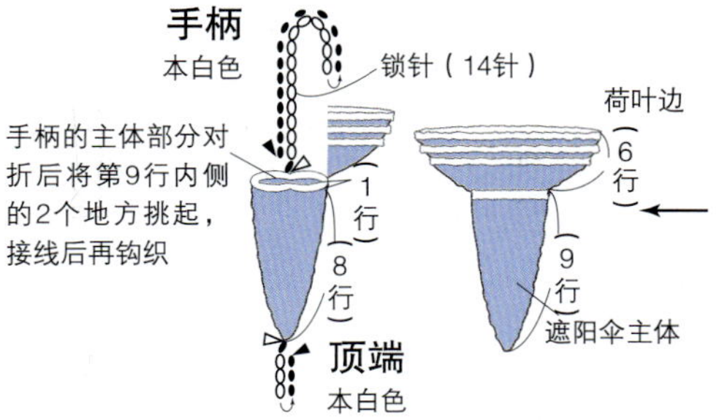


| 行数 | 针数 |
|---|---|
| 15 | 15个花样 |
| 14 | 30 |
| 13 | 12个花样 |
| 12 | 24 |
| 11 | 10个花样 |
| 10 | 20 |
| 7~9 | 10 |
| 6 | 10 |
| 5 | 8 |
| 4 | 8 |
| 3 | 8 |
| 2 | 6 |
| 1 | 6 |

### 遮阳伞主体

——= 本白色
——= a：浅绿色
b：浅黄色

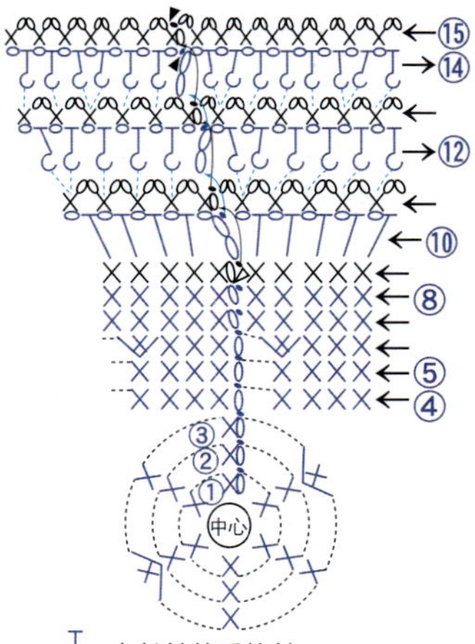


=中长针的反拉针

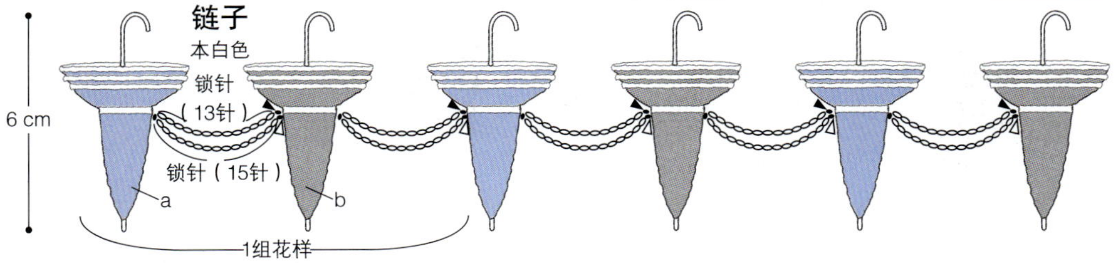


※第12行、第14行是看着反面钩织，因此织入的是中长针的正拉针

# I9

约 37cm（3 组花样）

作品详见P20

Span Glass 白色…4g，
粉色…1g，绿色…1g
填充棉少许 蕾丝针0号

### 蝴蝶结 白色

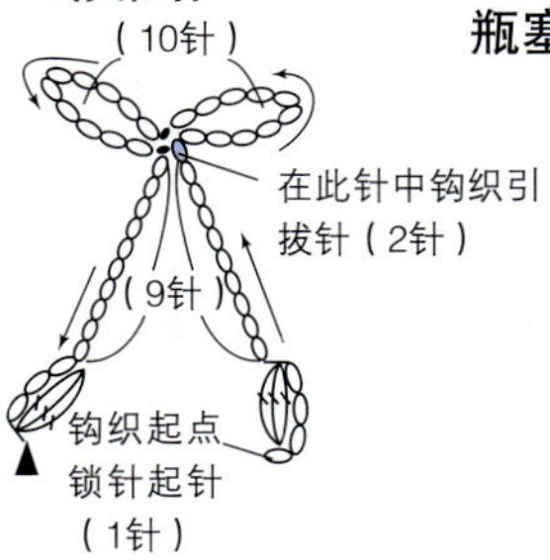


### 瓶塞

——= a：绿色
b：粉色

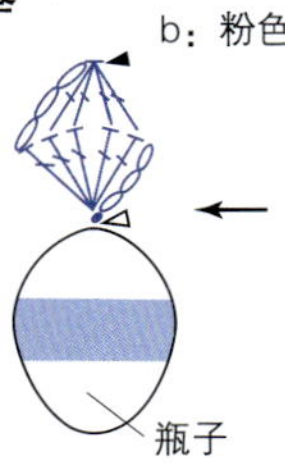


| 行数 | 针数 |
|---|---|
| 12 | 5 |
| 11 | 10 |
| 10 | 15 |
| 6~9 | 20 |
| 5 | 20 |
| 4 | 16 |
| 3 | 12 |
| 2 | 8 |
| 1 | 8 |

### 瓶子

——=白色
——= a：绿色
b：粉色

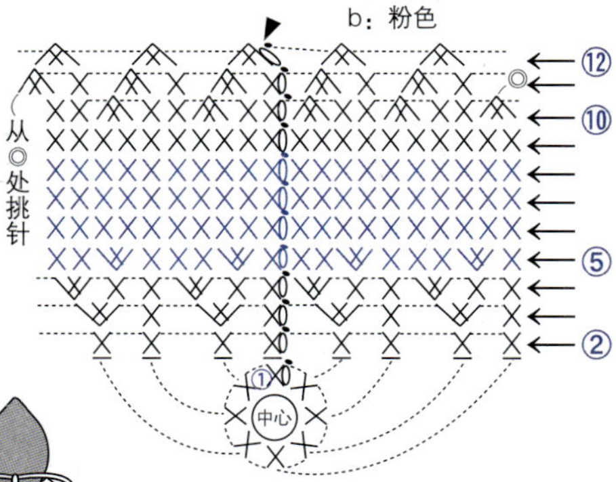


=短针的条针

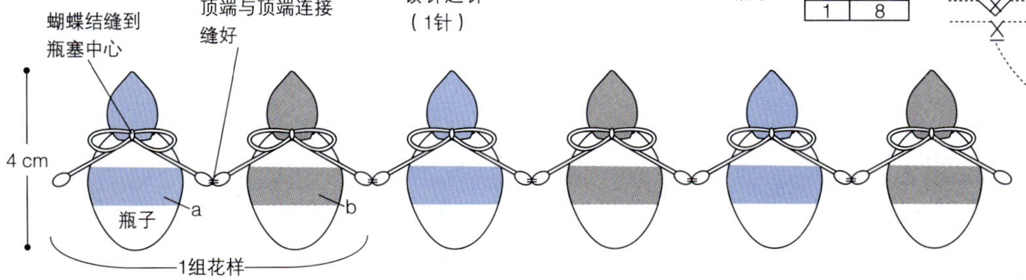


※ 瓶子中塞入填充棉后，线从最终行的5个针目中穿过，拉紧

字母和数字

11

13

15

17a

钩织方法：P18　设计制作：野口智子

钩织方法：P19 设计制作：野口智子

## 11

约 33cm

作品详见P16

Wash Cotton（Crochet）本白色…4g
钩针2/0号

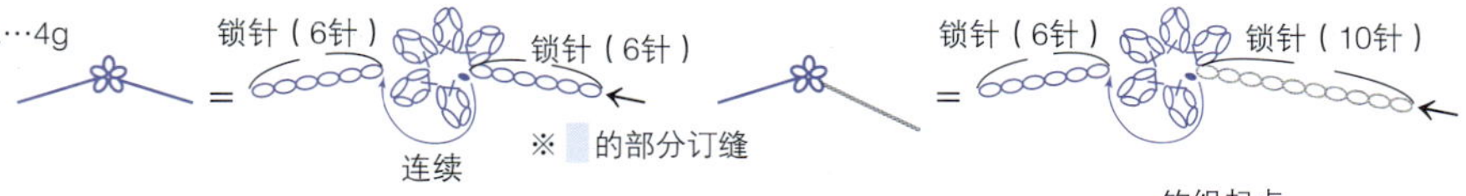


※ 的部分订缝

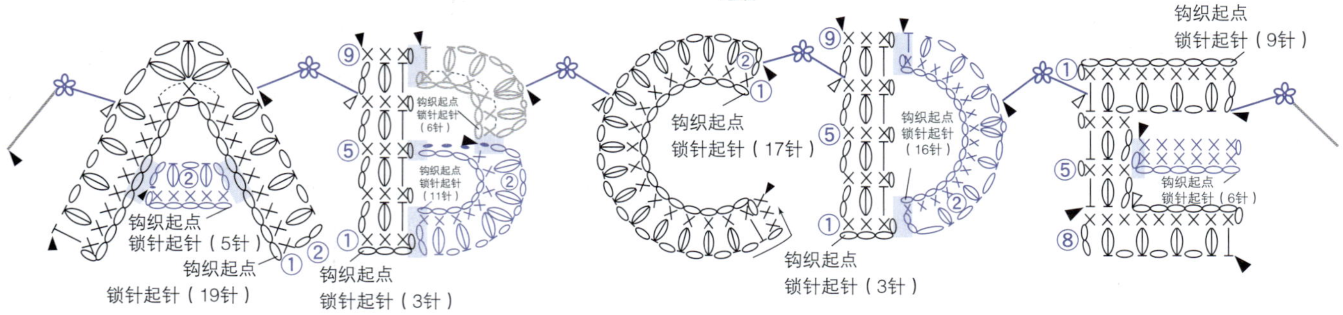


## 13

约 34cm

作品详见P16

Wash Cotton（Crochet）本白色…4g
钩针2/0号

※ 的部分订缝

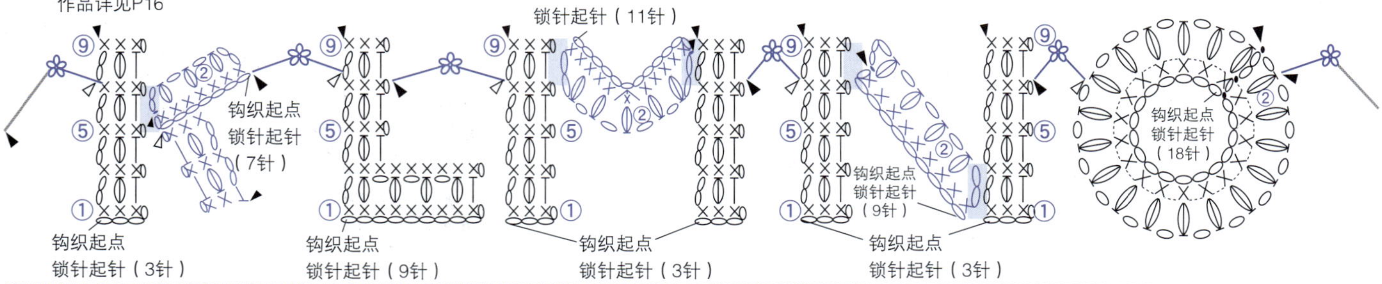


## 15

约 35cm

作品详见P16

Wash Cotton（Crochet）本白色…3g
钩针2/0号

※ 的部分订缝

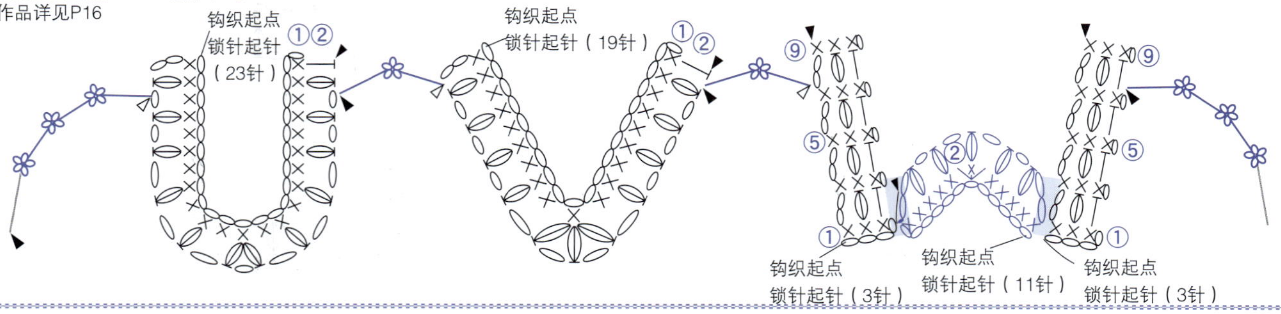


## 17a

约 30cm

作品详见P16

Wash Cotton（Crochet）本白色…4g
钩针2/0号

※ 的部分订缝

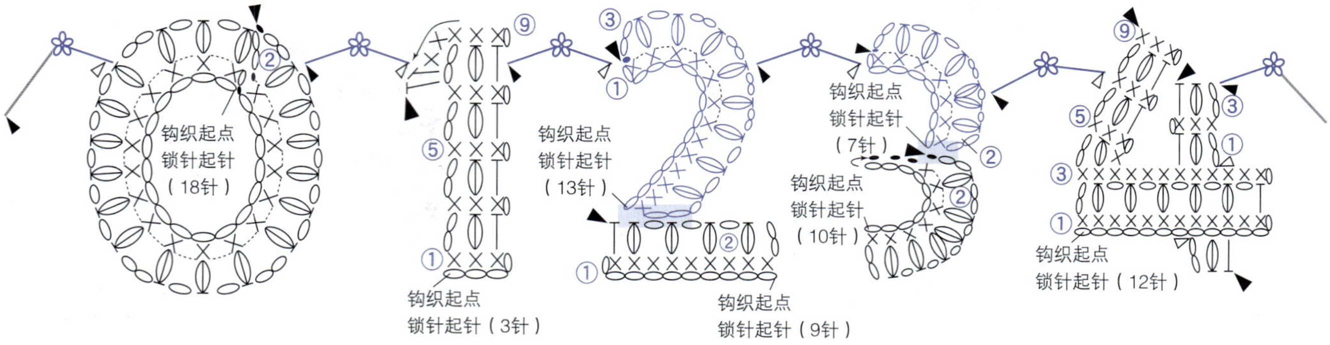

# I2

约 30cm

作品详见P17

Wash Cotton（Crochet）本白色…4g

钩针2/0号

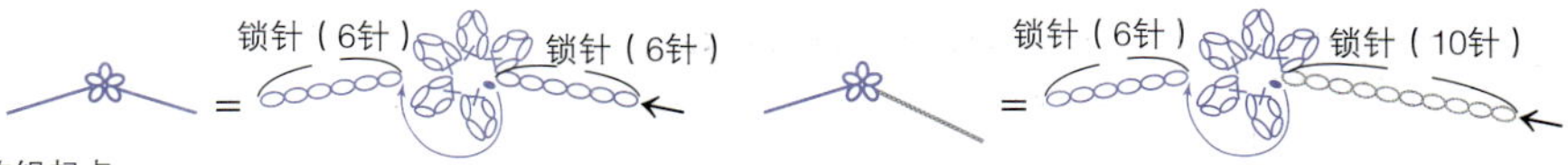


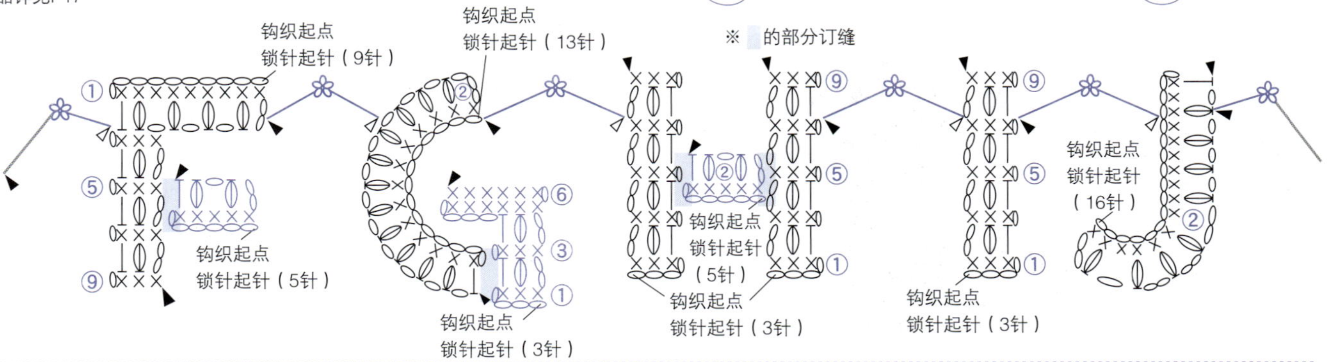


# I4

约 34cm

作品详见P17

Wash Cotton（Crochet）本白色…4g

钩针2/0号

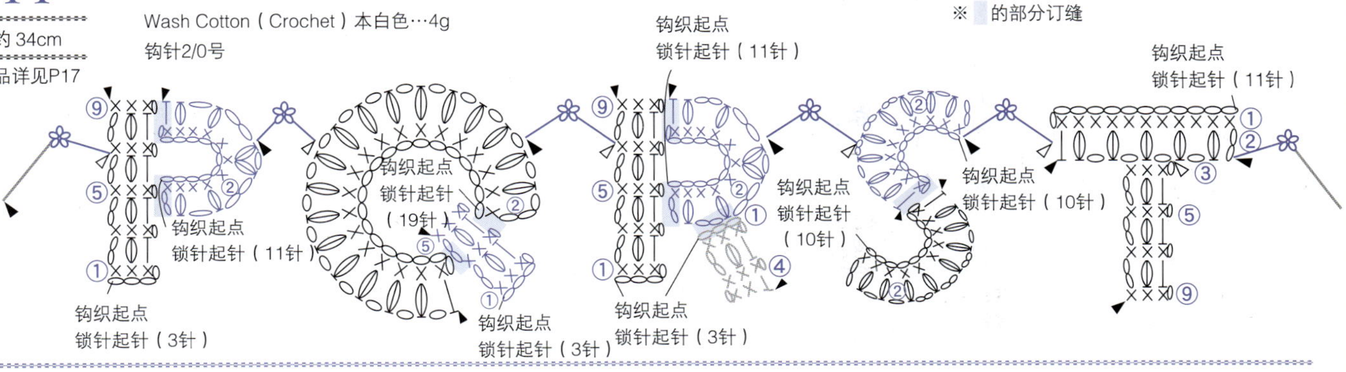


# I6

约 30cm

作品详见P17

Wash Cotton（Crochet）

本白色…3g

钩针2/0号

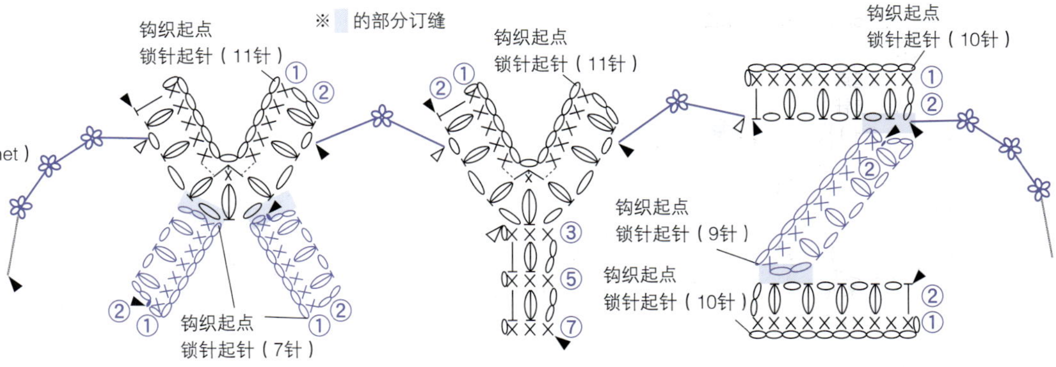


# I7b

约 30cm

作品详见P17

Wash Cotton（Crochet）本白色…4g

钩针2/0号

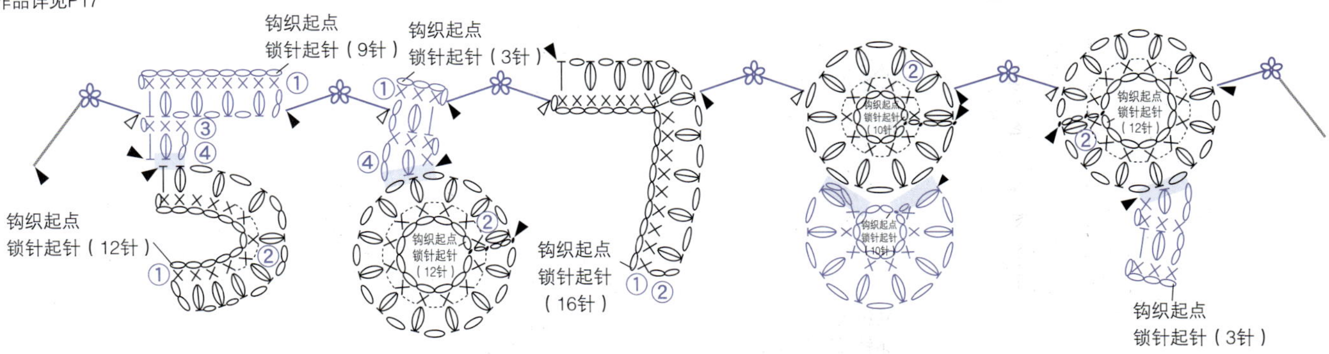

## 时尚小物

18

19

20

遮阳伞

香水

戒指

钩织方法：18、19见P15，20见P22　设计制作：镰田惠美子

钩织方法：21见P22，22、23、24见P23　设计制作：镰田惠美子

## 时尚小物

21

22

23

24

# 20

约 27cm(7½ 组花样)

作品详见P20

Emperor 彩色…4g

TiTi Crochet 淡蓝色…3g

蕾丝针0号

## 戒指A

— =彩色

— =淡蓝色

※ 将装饰的第1行针目织入戒指的●处针目

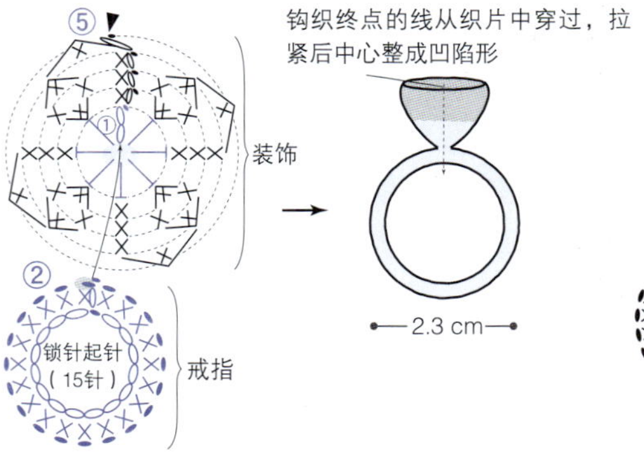


## 戒指B

彩色

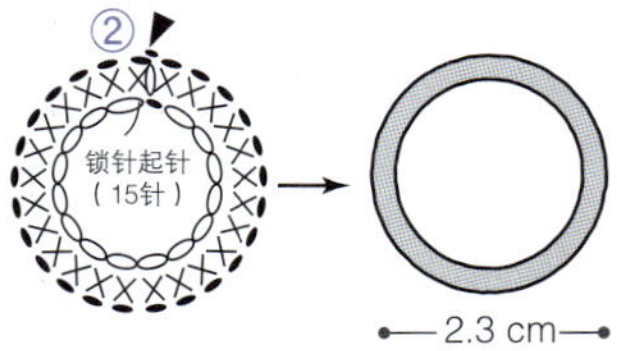


※先钩织戒指A

钩织戒指B的起针时，穿入相邻的戒指A成圆环后再按照记号钩织

# 21

约 30cm(2⅔ 组花样)

作品详见P21

Le Petit Marche 亚麻&棉(细)米褐色…4g，本白色…3g

Emmygrande(Colors)蓝灰色…1g

蕾丝针2号、0号

## 晾衣夹

蕾丝针0号 蓝灰色

● 与○针一起引拔钩织

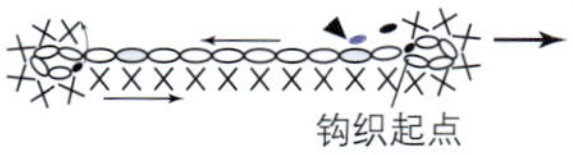


## 绳带 米褐色・本白色

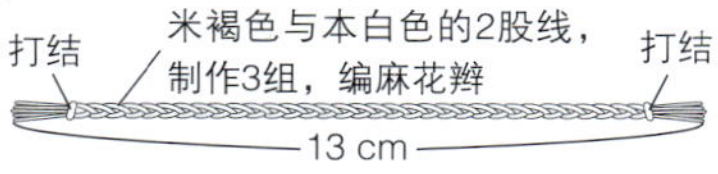


## 背心

蕾丝针2号

— =米褐色

— =本白色

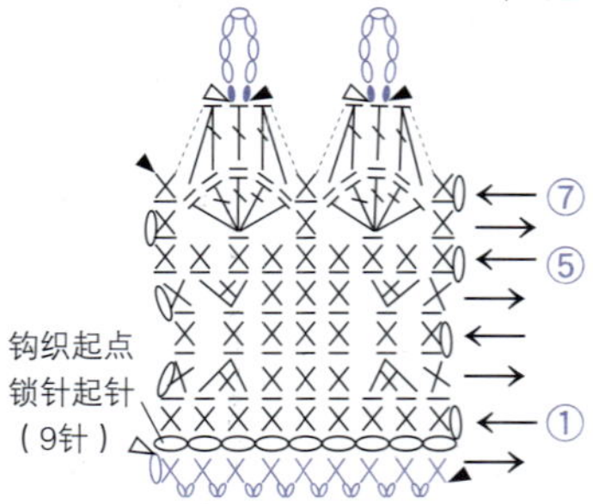


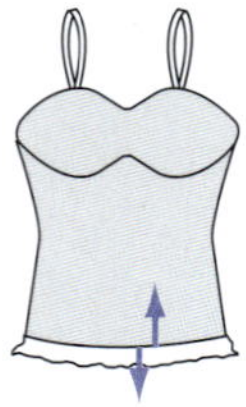

※ 钩至背心与短裤的第2行后将上一行针目外侧的横线(半针)挑起后再钩织

## 短裤

蕾丝针2号

— =米褐色

— =本白色

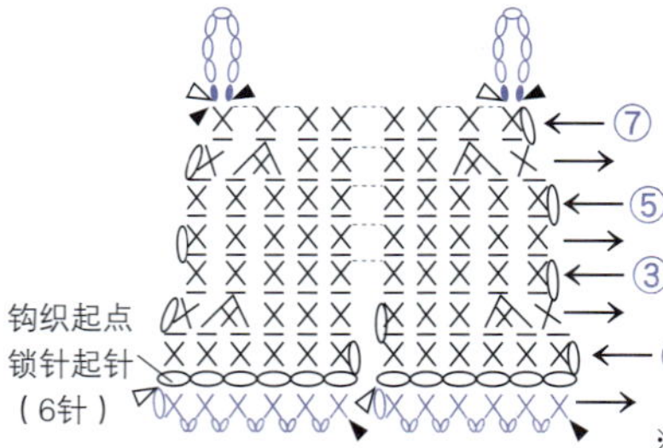


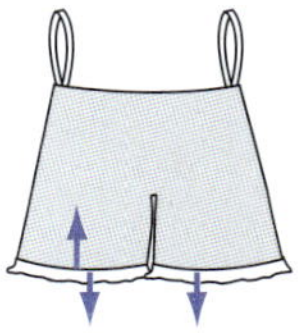

※ 左右分开钩织至第2行，从第3行开始合并继续钩织

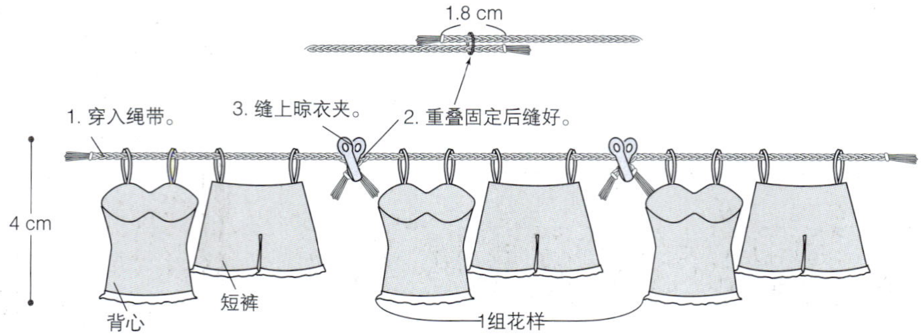

# 22

约33cm（4组花样）

作品详见P21

Emmygrande（Herbs）浅橙色…2g，茶色…2g，橙色…2g，浅绿色…少许

直径3mm的米褐色木质串珠…4颗

蕾丝针0号

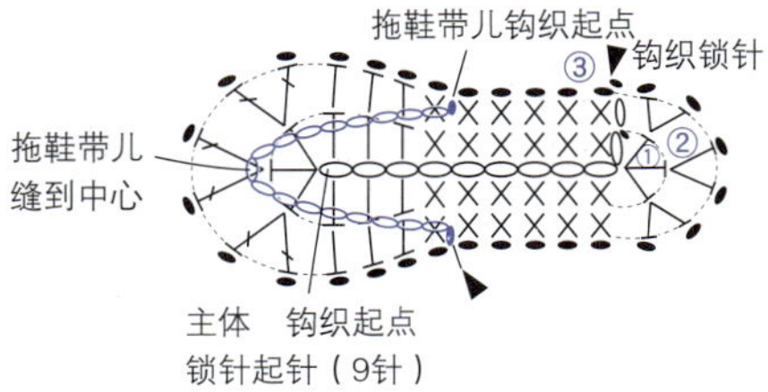


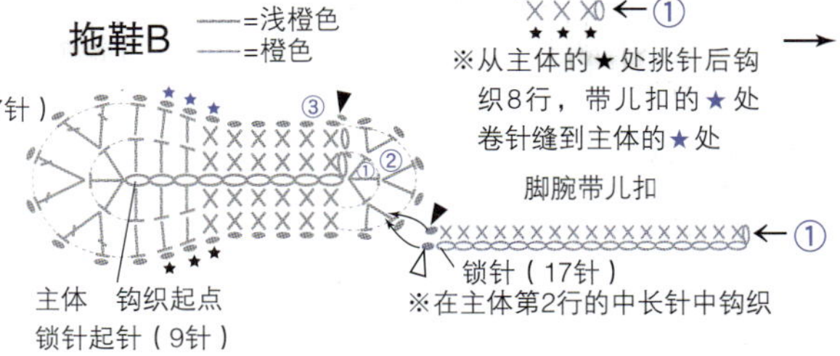


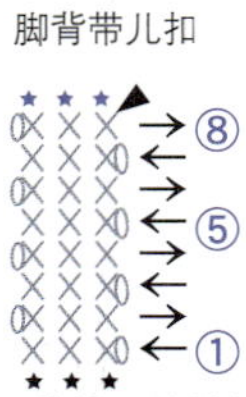


※从主体的★处挑针后钩织8行，带儿扣的★处卷针缝到主体的★处

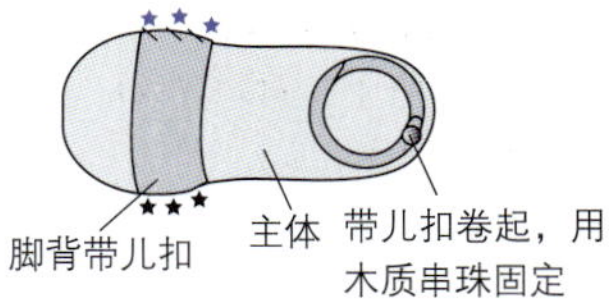


※ 先钩织拖鞋A，然后一边钩织拖鞋B一边拼接

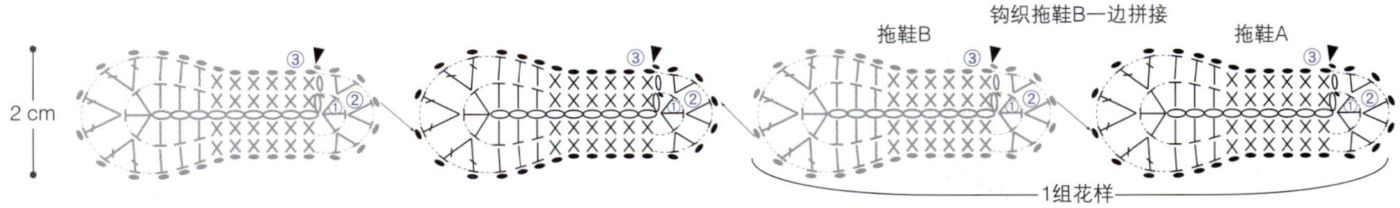


# 23

约30cm(3½组花样)

作品详见P21

Cotton Kona Fine

茶色…5g，黄色…2g，白色…1g

蕾丝针0号

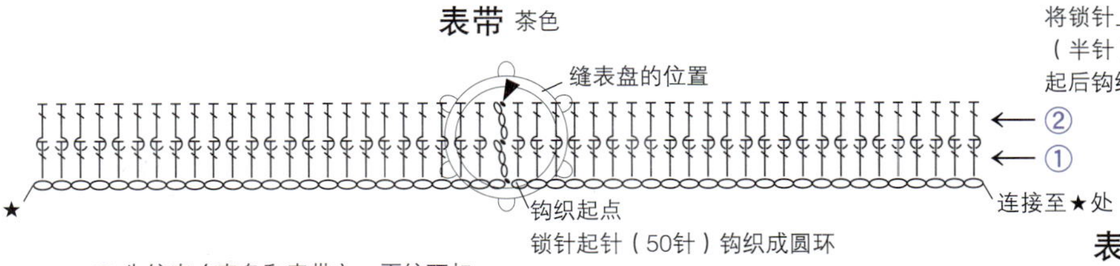


※ 先编表（表盘和表带），再编环扣，然后连在一起

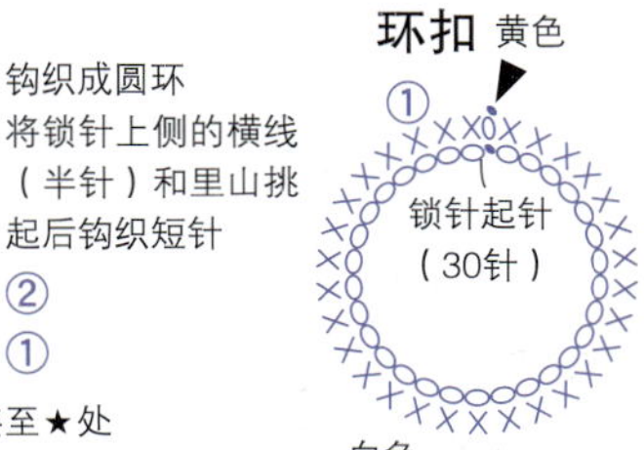


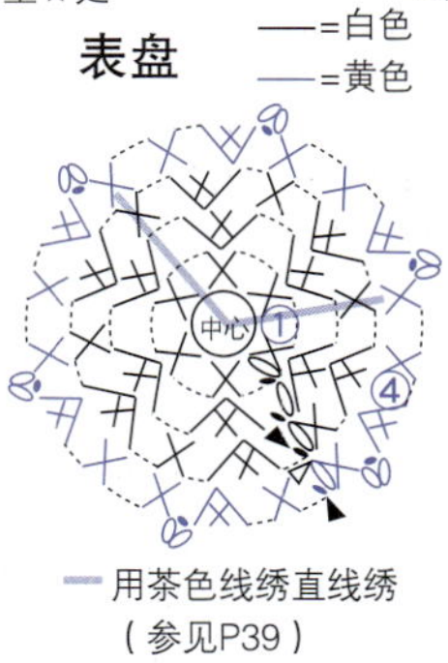


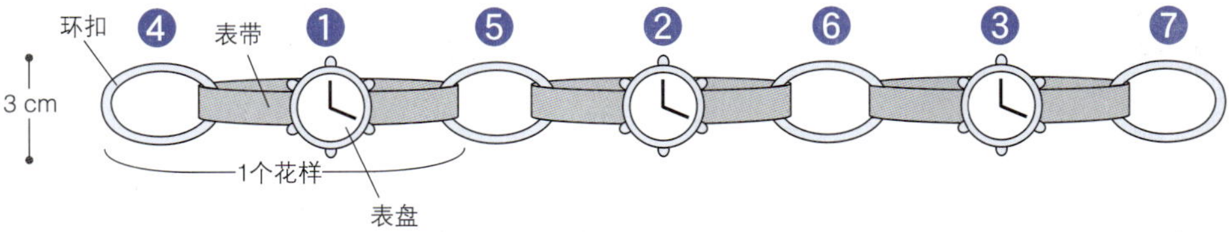


# 24

约33cm（7个花样）

作品详见P21

Puppy New 3PLY 茶色…9g，米褐色…1g

直径4mm的米褐色木质串珠…7颗

蕾丝针0号

※ 从第2个小挎包开始将提手部分的起针锁针从相邻的提手中穿过后再钩织

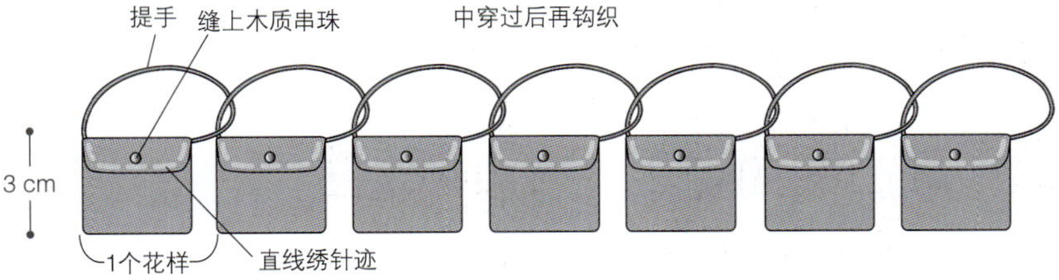


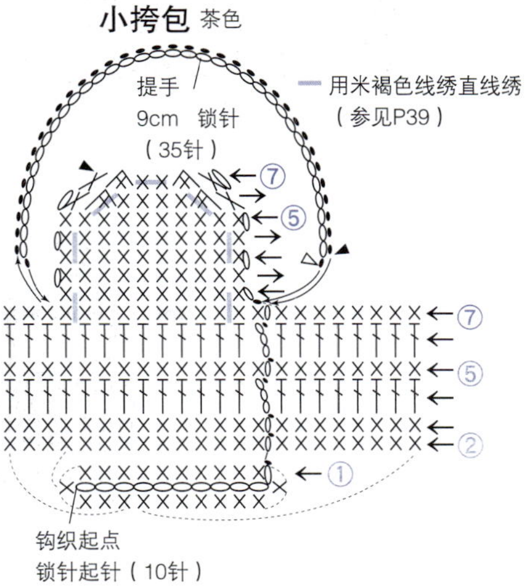

# 法国

25

26

27

28

埃菲尔铁塔&法国国旗

奶酪&蜗牛

红酒&酒杯

法棍&奶油面包

钩织方法：P26 设计制作：镰田惠美子

小丑&丹麦国旗

海盗头盔&挪威国旗

海盗船&瑞典国旗

餐具

北欧

29

30

31

32

钩织方法：P27　设计制作：镰田惠美子

## 25

约 33cm（5 组花样）

作品详见P24

Emmygrande（Colors）
蓝色…5g，白色…1g，红色…1g
蕾丝针0号

### 埃菲尔铁塔的钩织方法

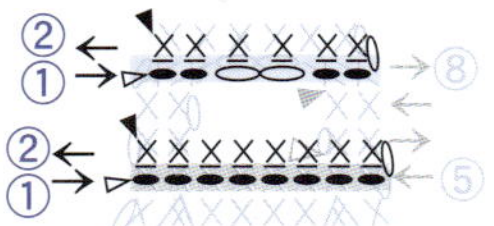


X =短针的条针

※ 参照上图用蓝色线在埃菲尔铁塔的第5行和第8行钩织2行

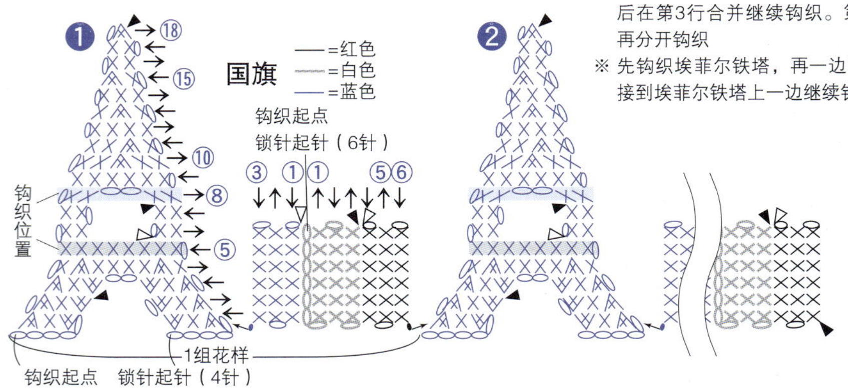


※ 埃菲尔铁塔的底部左右分开钩织，然后在第3行合并继续钩织。第6、7行再分开钩织

※ 先钩织埃菲尔铁塔，再一边将国旗拼接到埃菲尔铁塔上一边继续钩织

## 26

约 28cm(5½ 组花样)

作品详见P24

Emmygrande 黄色…5g，淡黄色…3g，绿色…1g
Emmygrande（Herbs）浅茶色…2g
填充棉少许
蕾丝针0号

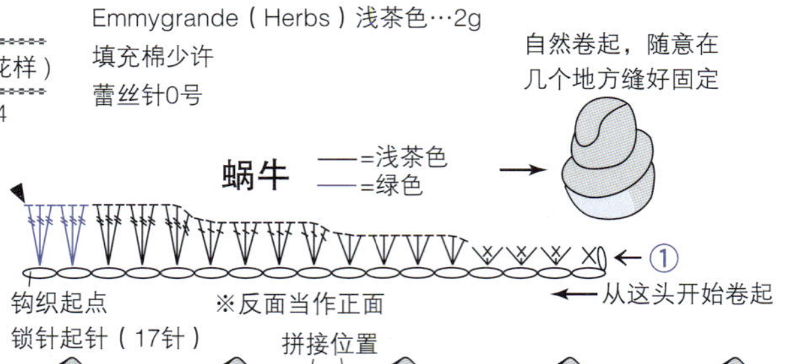


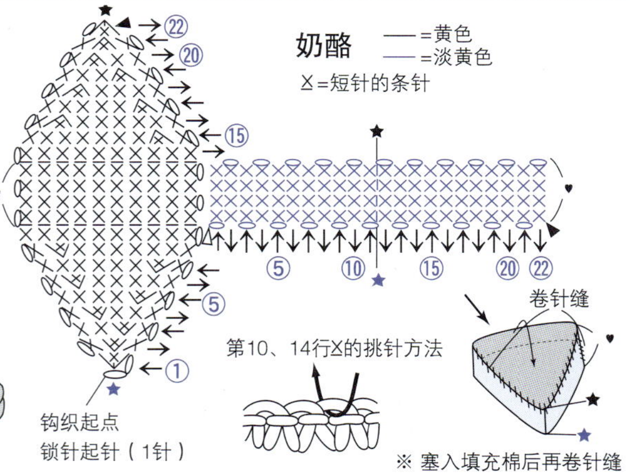


※ 塞入填充棉后再卷针缝

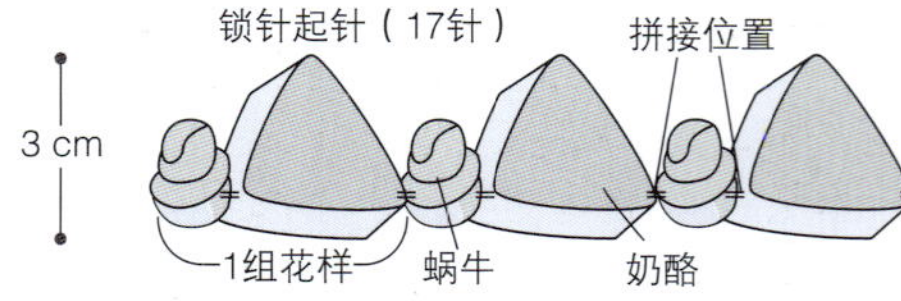


## 27

约 28cm（3 组花样）

作品详见P24

Cotton Kona Fine
藏蓝色…6g，灰色…3g，红色…1g
蕾丝针0号

※用钩织起点处和终点处的线头缝好红酒与酒杯

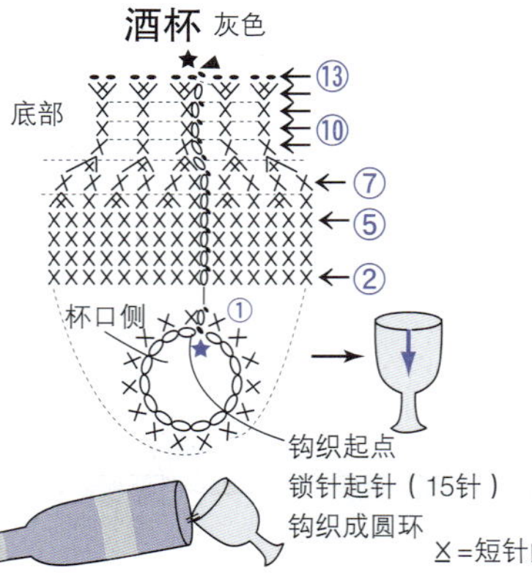


X =短针的条针

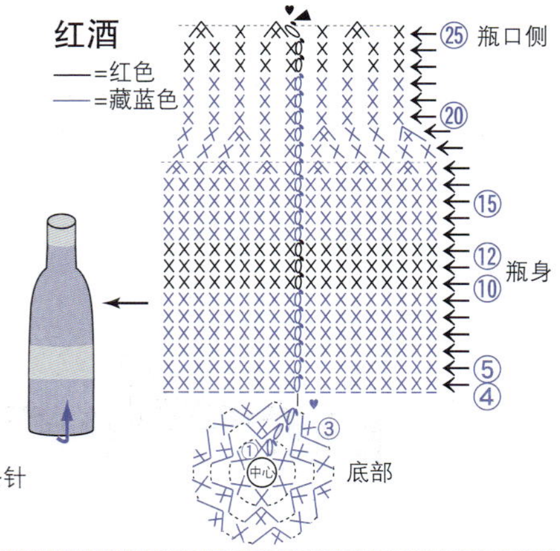


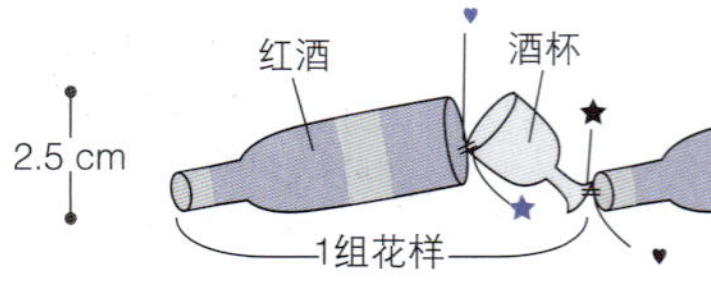


## 28

约 31cm（4 组花样）

作品详见P24

New 3PLY 茶色…8g，米褐色…2g
填充棉少许
蕾丝针0号

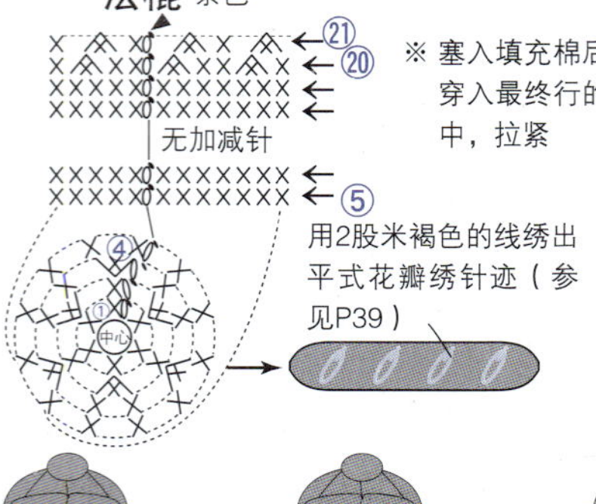


※ 塞入填充棉后线头穿入最终行的针目中，拉紧

用2股米褐色的线绣出平式花瓣绣针迹（参见P39）

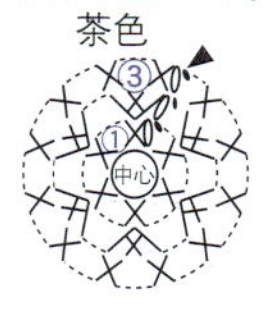


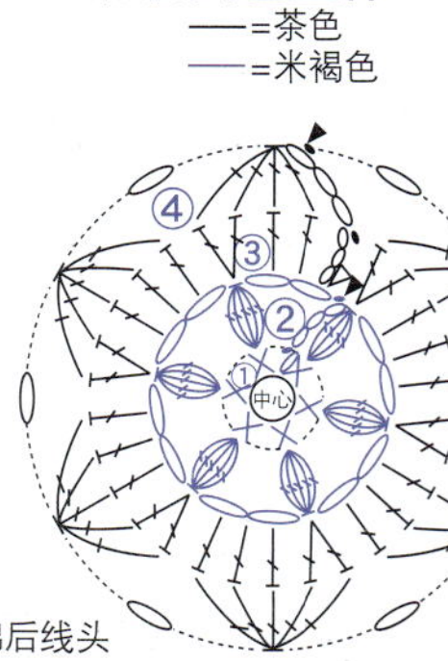


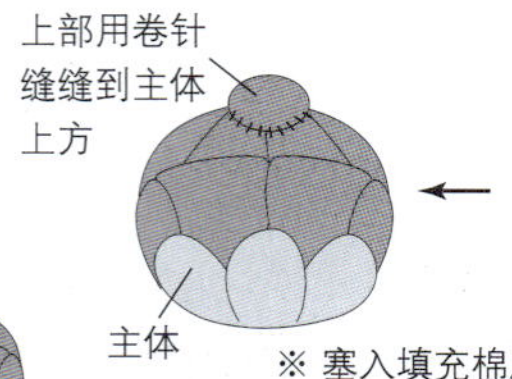


※ 塞入填充棉后线头从最终行的12个针目中穿过，拉紧

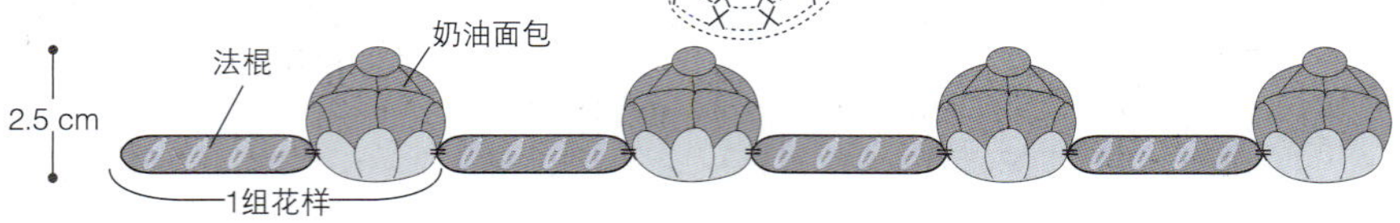

# 29

约 37cm(4½ 组花样)

作品详见P25

New 3PLY 红色、白色…各3g，黑色…1g

蕾丝针0号

※先钩织国旗，再一边钩织小丑一边与国旗拼接起来

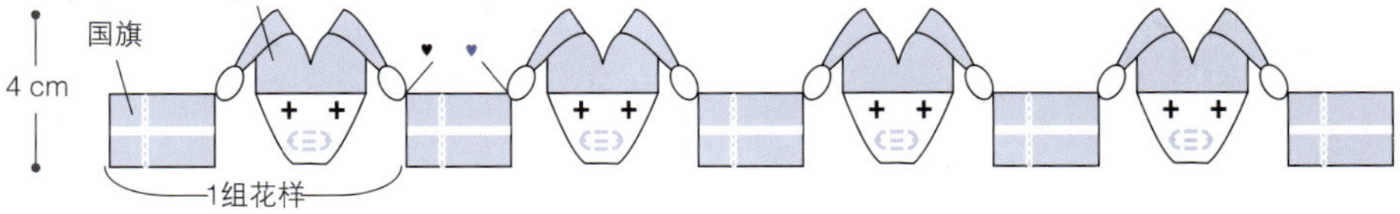


国旗 —=白色 —=红色 ▬=用白色线引拔钩织

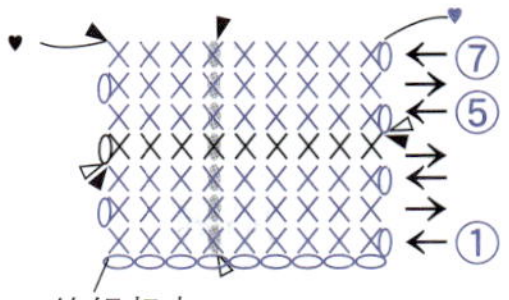


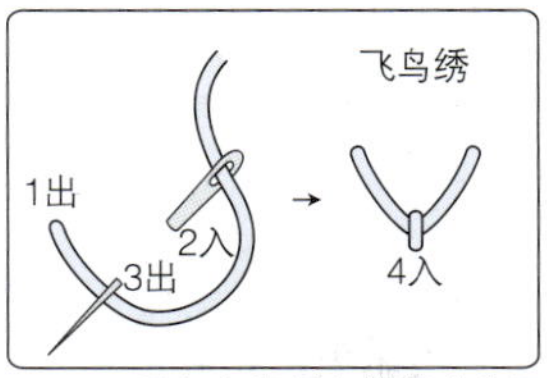


=用红色线绣直线绣（参见P39）
=用红色线绣飞鸟绣
=用黑色线绣直线绣（参见P39）
刺绣针法

小丑 —=白色 —=红色

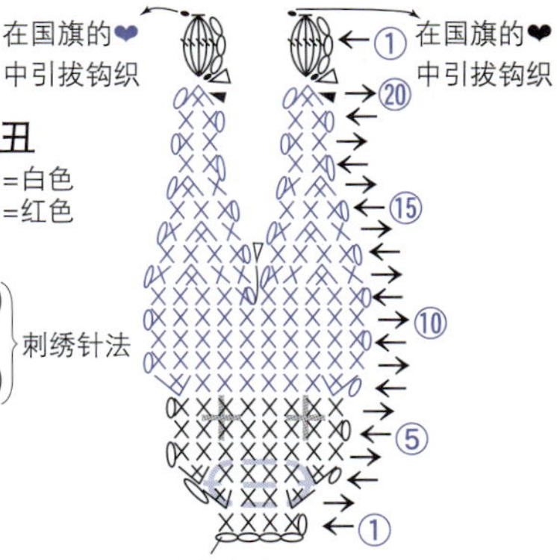


# 30

约 30cm(4½ 组花样)

作品详见P25

重点提示见P9

Cotton Kona Fine 焦茶色…4g，浅茶色…3g，红色…2g，蓝色…1g

蕾丝针0号

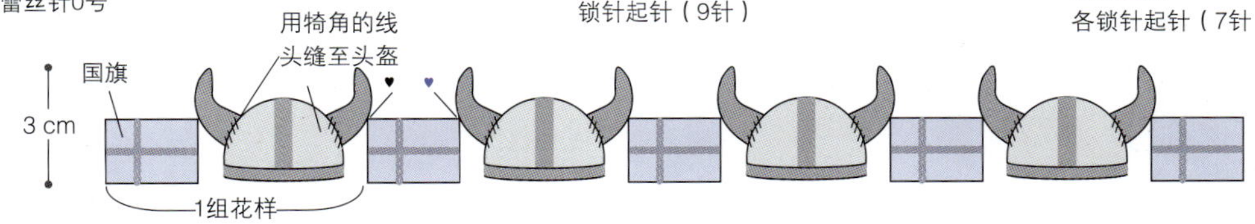


国旗 —=蓝色 —=红色 ▬=用蓝色线引拔钩织

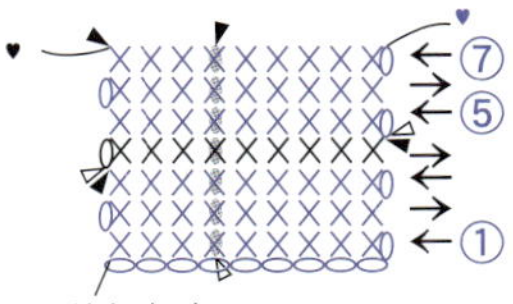


犄角 2个1组 焦茶色

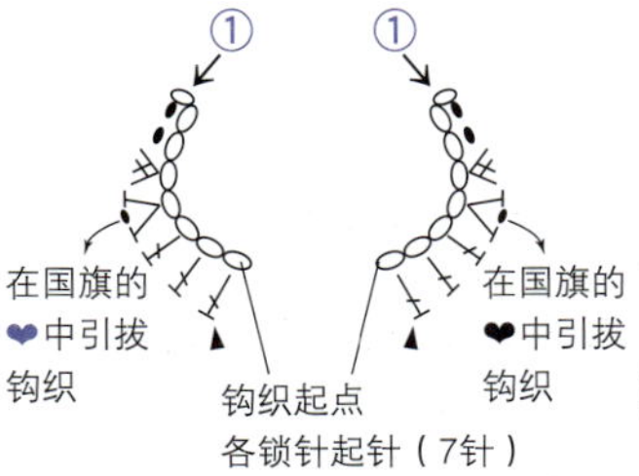


头盔 —=焦茶色 —=浅茶色

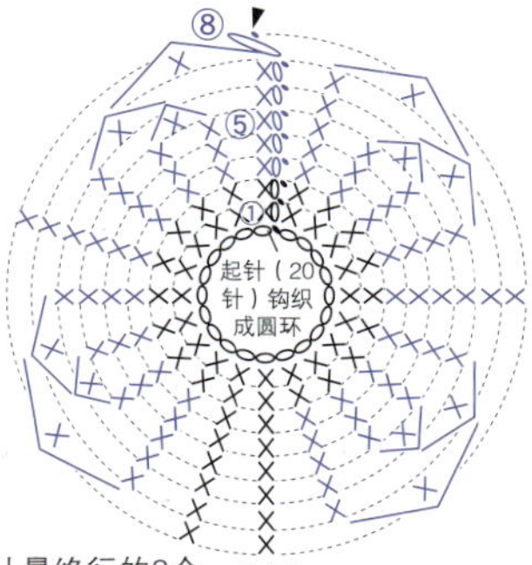


※ 线头从最终行的8个针目中穿过，拉紧

# 31

约 29cm(4½ 组花样)

作品详见P25

Cotton Kona Fine 茶色…3g，蓝色…2g，黄色…1g

蕾丝针0号

国旗 —=黄色 —=蓝色 ▬=用黄色线引拔钩织

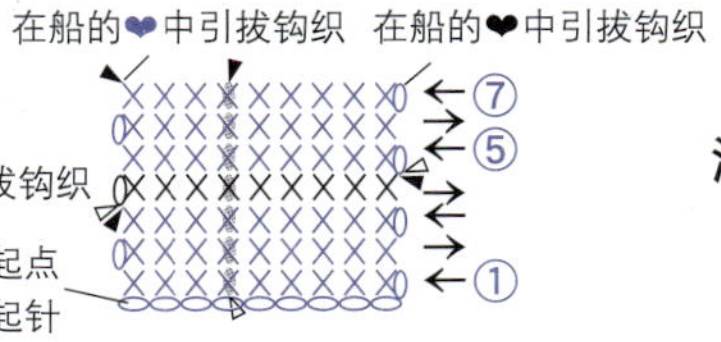


海盗船 茶色

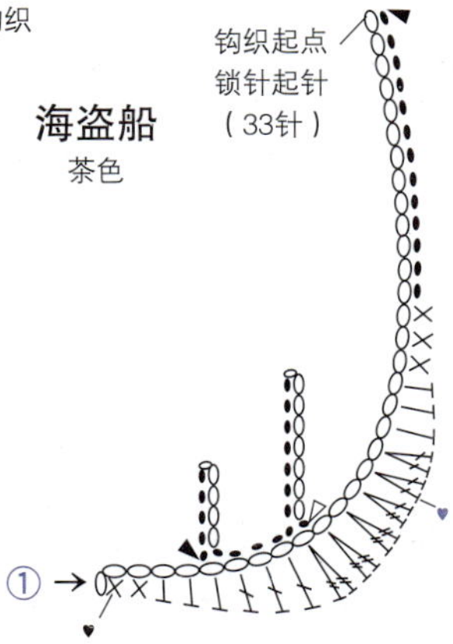

# 32

约 32cm（5 组花样）

作品详见P25

Cotton Kona Fine

黄色…10g，绿色、淡蓝色…各2g

蕾丝针0号

餐具A —=黄色 —=绿色

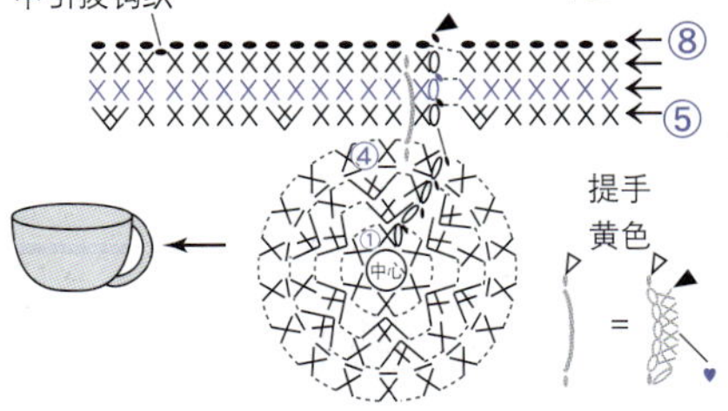


餐具B —=黄色 —=淡蓝色

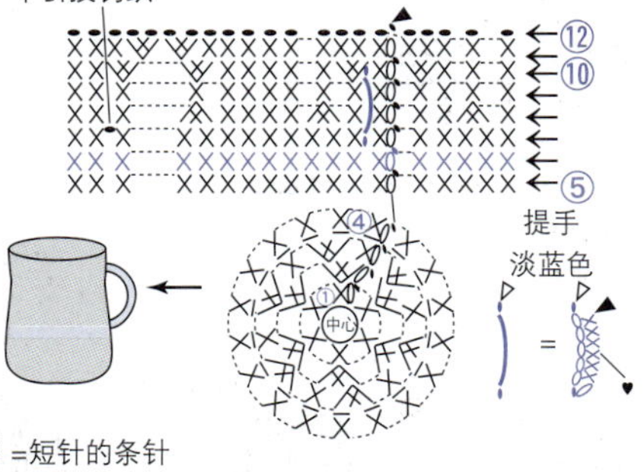

X =短针的条针

# PART II

# 花朵和动物

春意盎然的花朵和可爱的各种动物，
让人不禁莞尔一笑。

三叶草和瓢虫

花朵

兔子和胡萝卜

33
34
35

钩织方法：P30　设计制作：河合真弓

## 重点提示 34 作品详见P28

作品详见P28

### 花样的拼接方法（用引拔针拼接 / 一边钩织一边拼接的方法）

1 钩织第2块花样的第2行时在指定位置拼接第1块花样。钩织2针锁针后，将钩针插入第1块花样箭头所示的位置。

2 针上挂线引拔钩织。

3 引拔钩织完成后，按照记号图继续钩织2针锁针。

4 用同样的方法在2个地方拼接花样。第2块花样钩织完第3行后如图所示。

## 重点提示 44 作品详见P36

作品详见P36

### 短针正拉针的钩织方法

※看着织片的反面钩织拉针时针法与记号图相反。
（短针的反拉针）→（短针的正拉针）

1 钩织完第3行（右上图）后在第4行钩织1针立起的锁针，然后将织片翻到反面。

2 按照步骤1图片箭头所示，将钩针插入第2行中，挂线后再引拔抽出，然后再次挂线，钩织短针。

3 钩织完1针短针的正拉针。

4 接着再钩织4针锁针、1针短针的正拉针，如此重复钩织第4行。

### 花样的拼接方法（在长针的头针中拼接 / 先将钩针暂时取出再拼接的方法）

5 看着织片正面钩织第5行，先将第4行的锁针成束挑起后再钩织。

6 第5行中途与环扣花样拼接。取出针，将钩针插入环扣花样中，引拔抽出花朵花样的针目。

7 引拔抽出后，再继续钩织第5行。

8 第5行钩织完成。第4行钩织完成的短针的正拉针正面看如图（★印记位置）。

## 33

约 32cm(7½ 组花样)

作品详见P28

Wash Cotton 红色…2g
Charkha 绿色…2g
圆形大串珠（黑色）…28颗
刺绣线（黑色）
钩针3/0号

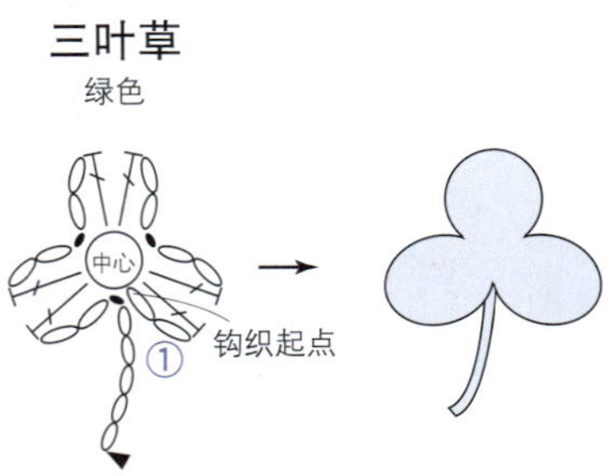


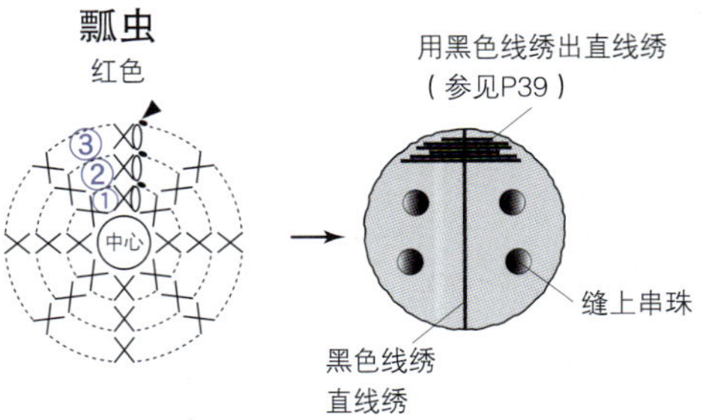

## 34

约 30cm（10 个花样）

作品详见P28

重点提示见P29

Paume Crochet（草木染）浅橘色…5g，淡黄色…1g
钩针3/0号

—— =浅橘色
—— =淡黄色

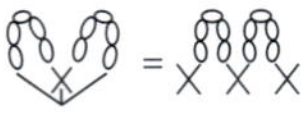

※ 一边钩织花样的第2行，一边拼接（两处），之后再钩织第3行（参见右图）

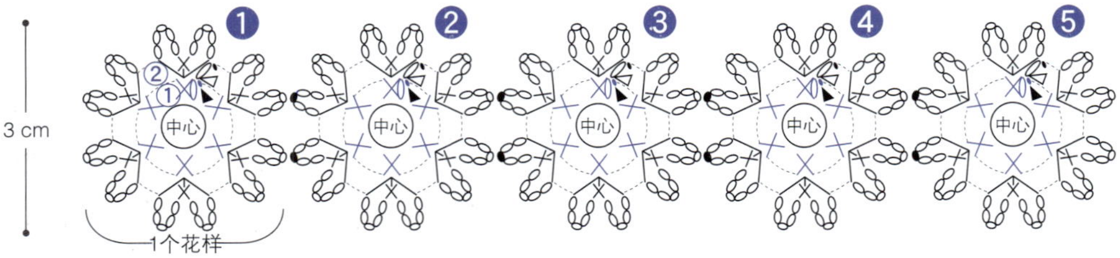


※在第1行中引拔钩织第3行

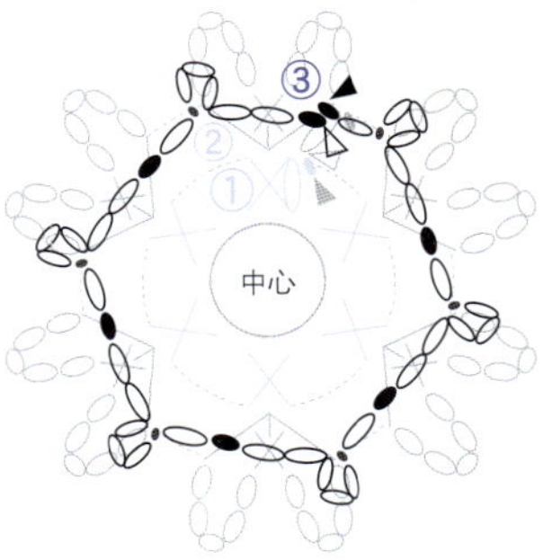


## 35

约 31cm（4 组花样）

作品详见P28

Mohair Premier 白色…5g
Yasai（中细）橙色…2g，绿色…1g
钩针3/0号

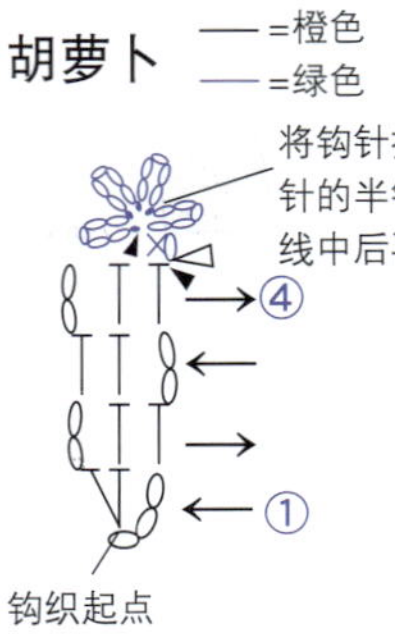


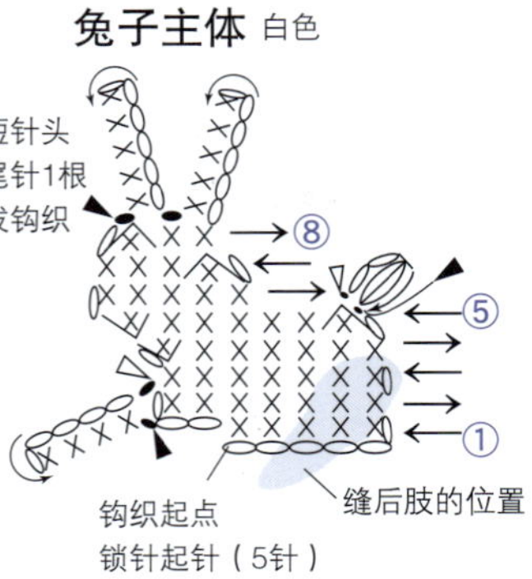


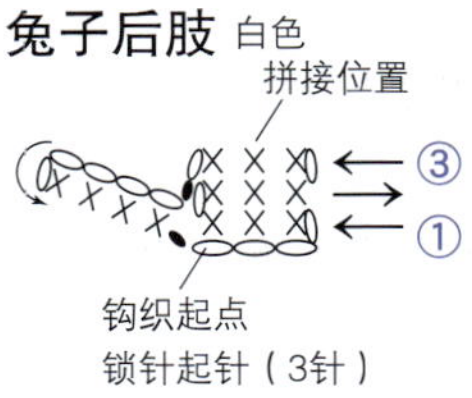


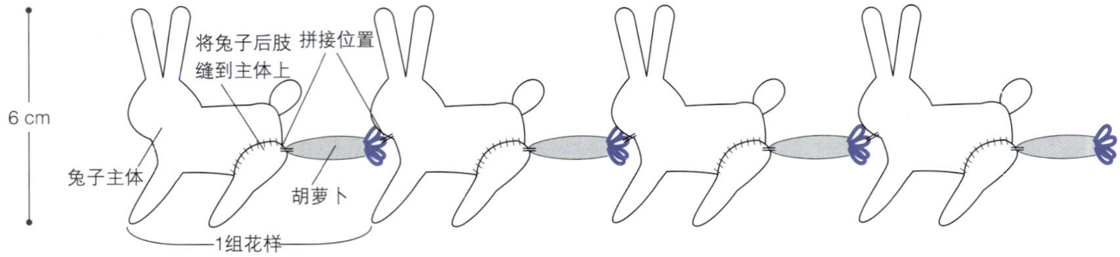

# 36

约36cm（6组花样）

作品详见P32

Saint・Gilles 本白色…5g

蕾丝针0号

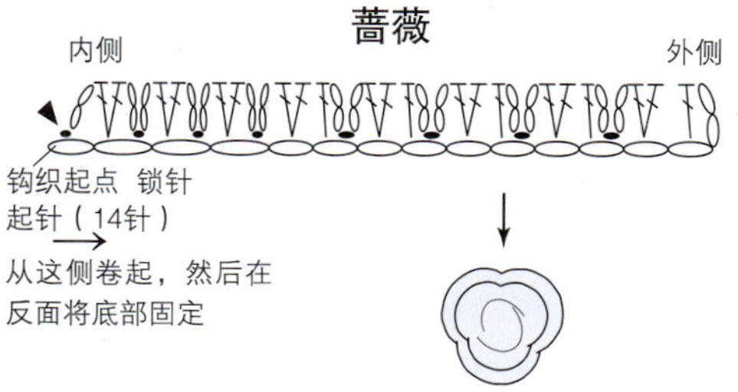


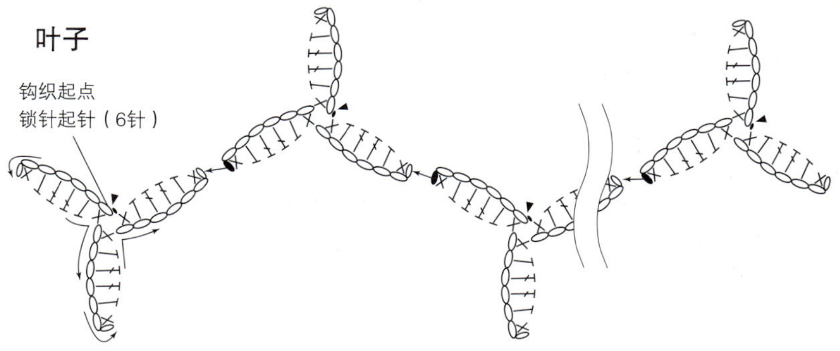


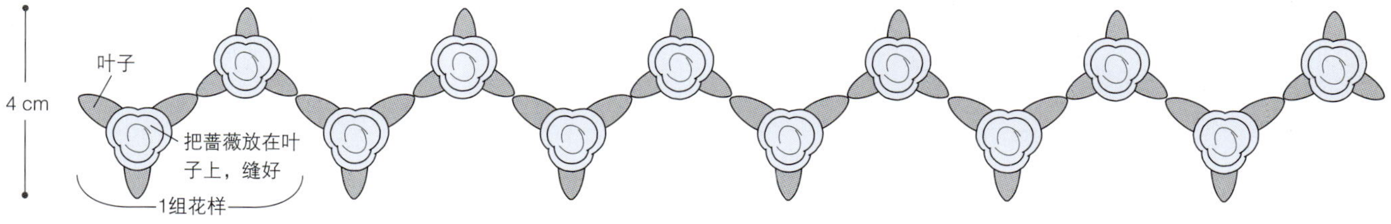


# 37

约32cm（16个花样）

作品详见P32

Saint・Gilles 黄绿色…5g

蕾丝针0号

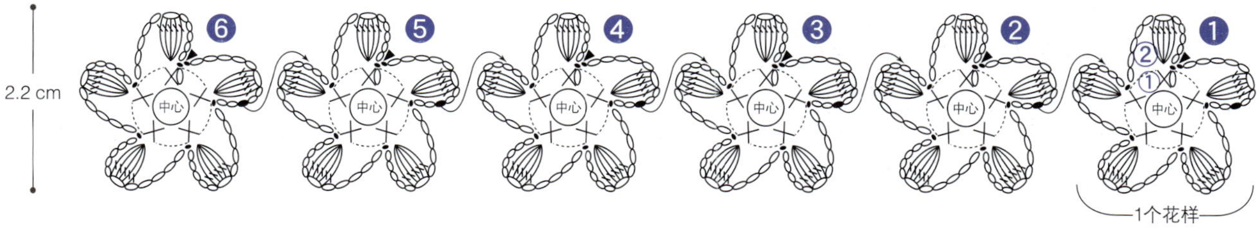


# 38

约28cm(2½ 组花样）

作品详见P32

Saint・Gilles 绿色…4g，

灰粉色…3g，紫色…3g

蕾丝针0号

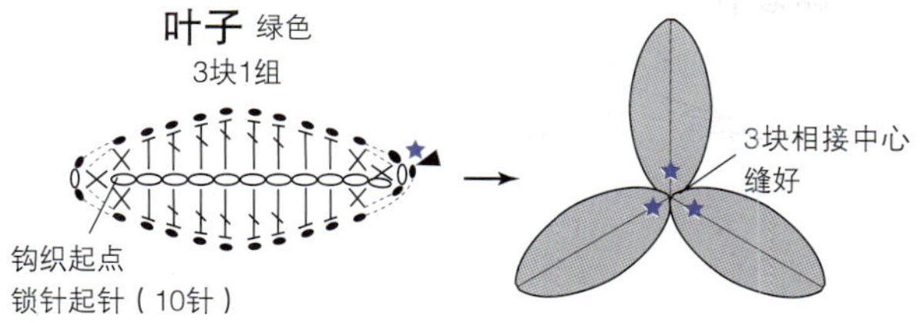


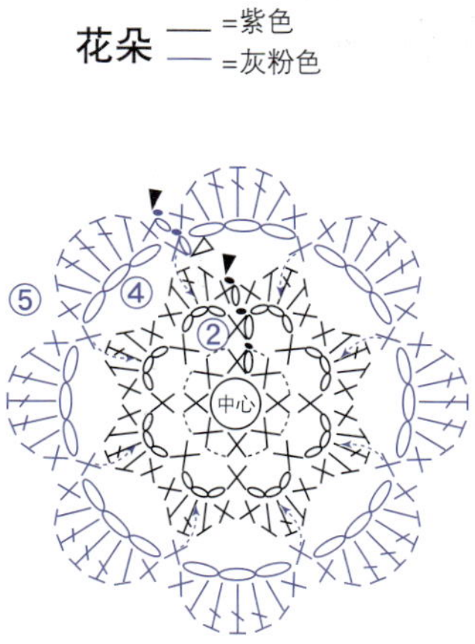


※ 编织第4行时将第3行长针反面底部的第2针挑起后再钩织

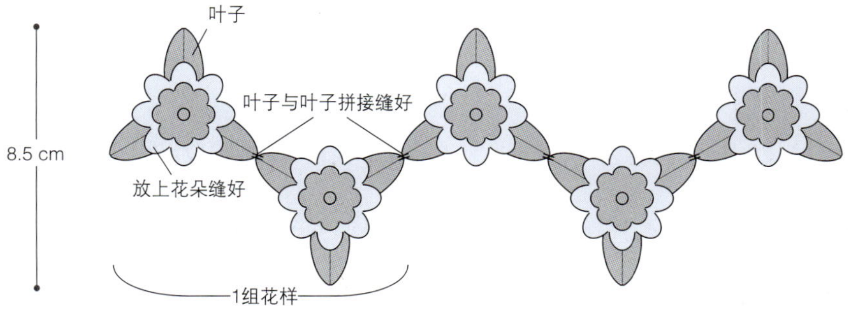

## 花朵

36

37

38

39

钩织方法：36、37、38见P31，39见P34　设计制作：风工房

花朵

40

41

42

43

钩织方法：40、41见P34，42、43见P35　设计制作：风工房

# 39

约 34cm（2¼ 组花样）

作品详见P32

Saint・Gilles 本白色…10g

蕾丝针0号

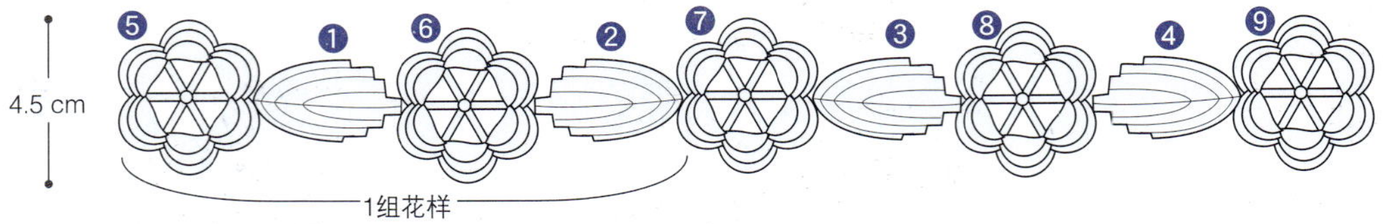


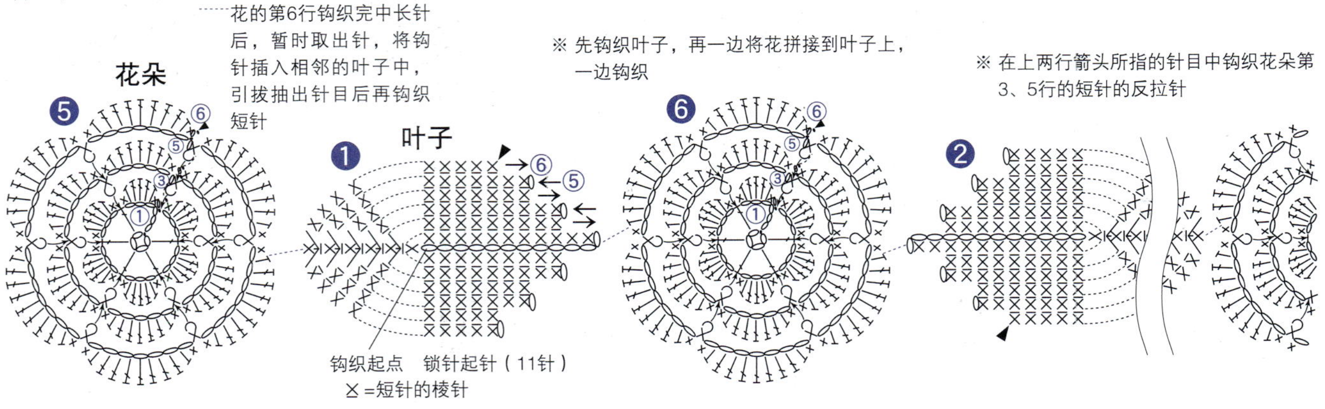


# 40

约 33cm（9 组花样）

作品详见P33

Saint・Gilles 黄绿色…3g

本白色…2g

蕾丝针0号

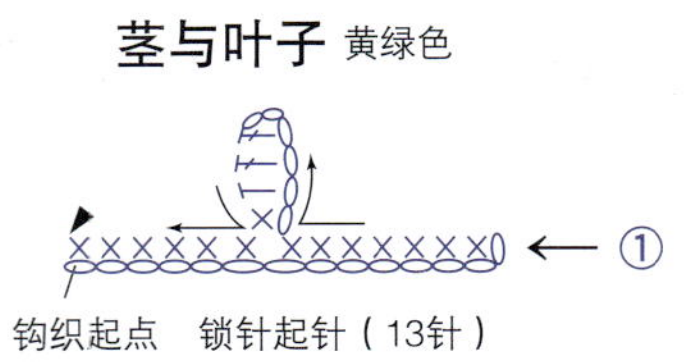


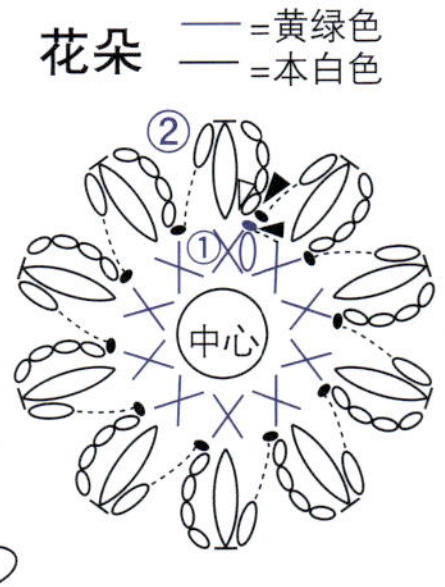


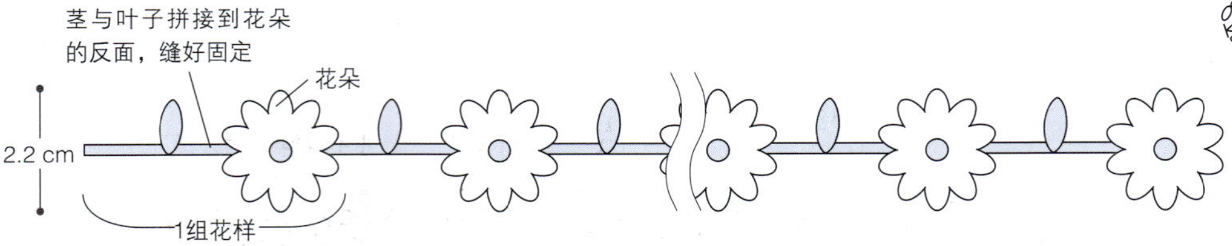


# 41

约 30cm（6 组花样）

作品详见P33

Saint・Gilles 绿色…4g，紫色…2g

蕾丝针0号

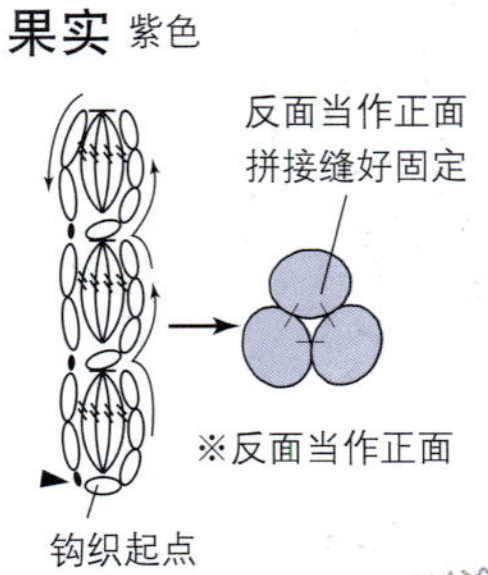


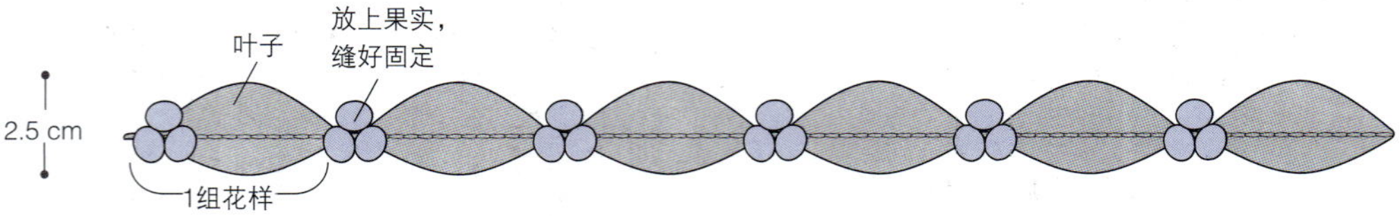


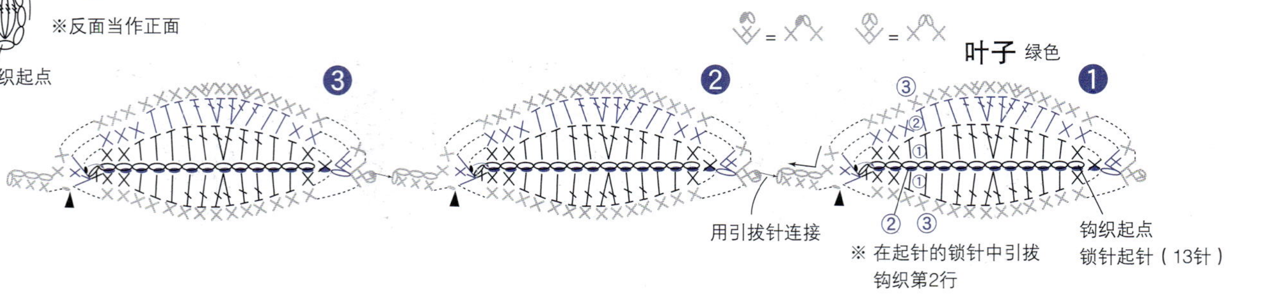

# 42

约 32cm（8 个花样）

作品详见P33

Saint・Gilles灰粉色…10g
蕾丝针0号

※ 在第4行织7针长针时（ 部分）将箭头所示位置的线圈挑起后再编织

※ 在第2行6针锁针中钩织第3行的长针

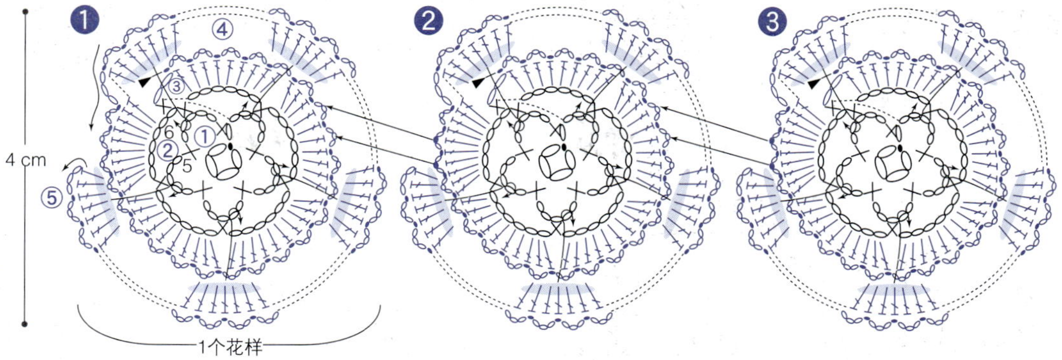


# 43

约 42cm（5 个花样）

作品详见P33

Saint・Gilles黄绿色…10g，本白色…2g，淡蓝色…10g
蕾丝针0号

**花朵A** 淡蓝色

**花朵B** —— =本白色 —— =淡蓝色

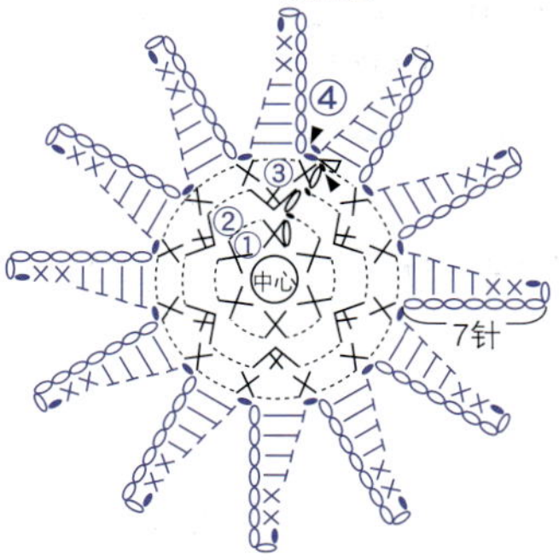


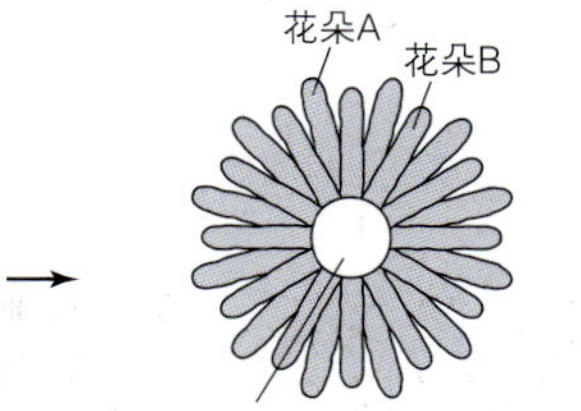


将多余的线塞到花朵B的中心反面，放到花朵A的上面，再将花朵A、B的花芯与花瓣卷针缝

**叶子** 黄色 3片1组

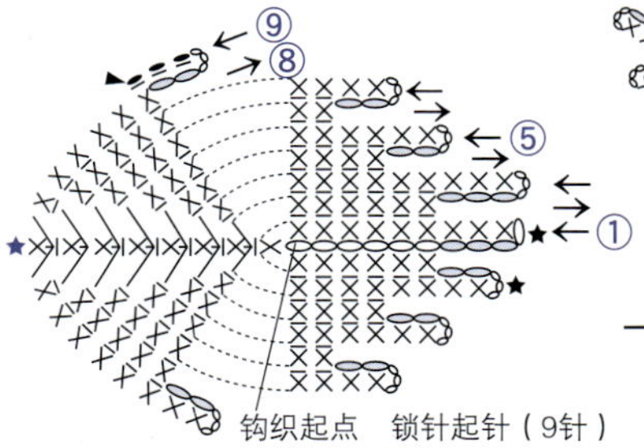

钩织起点　锁针起针（9针）
⨯=短针的棱针
= 将上一行针目外侧的横线（半针）挑起后钩织引拔针

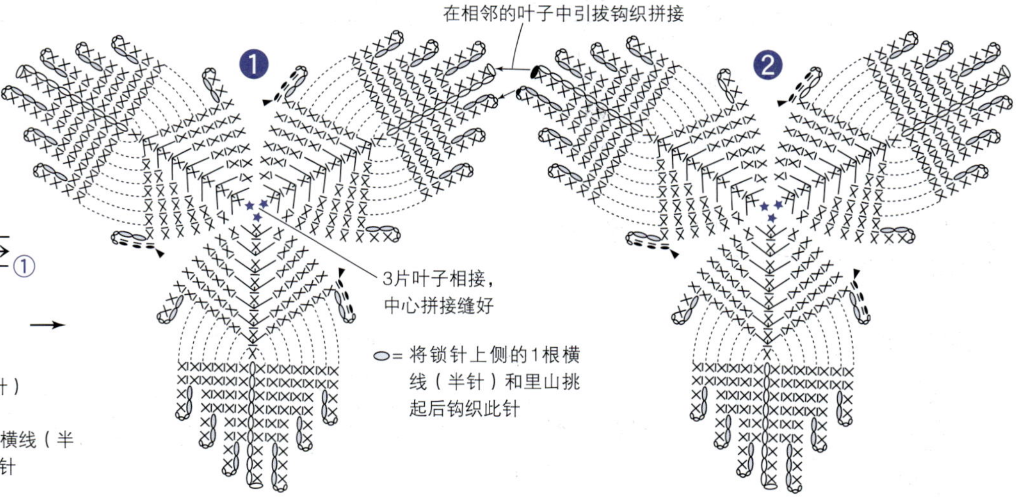


= 将锁针上侧的1根横线（半针）和里山挑起后钩织此针

## 花朵与动物

44

45

46

花朵与蜜蜂

钩织方法：P38　设计制作：川路祐三子

花朵与蝴蝶

## 花朵与动物

47

48

49

50

钩织方法：P73　设计制作：川路祐三子

# 44

约 30cm（5½ 组花样）

作品详见P36

重点提示见P29

Emmygrande 淡蓝色…6g，本白色…4g

钩针2/0号

花 ——=本白色 ——=淡蓝色

※ 先钩织环扣，然后在花朵的第5行拼接环扣，同时继续钩织

拼接方法（参见P29）

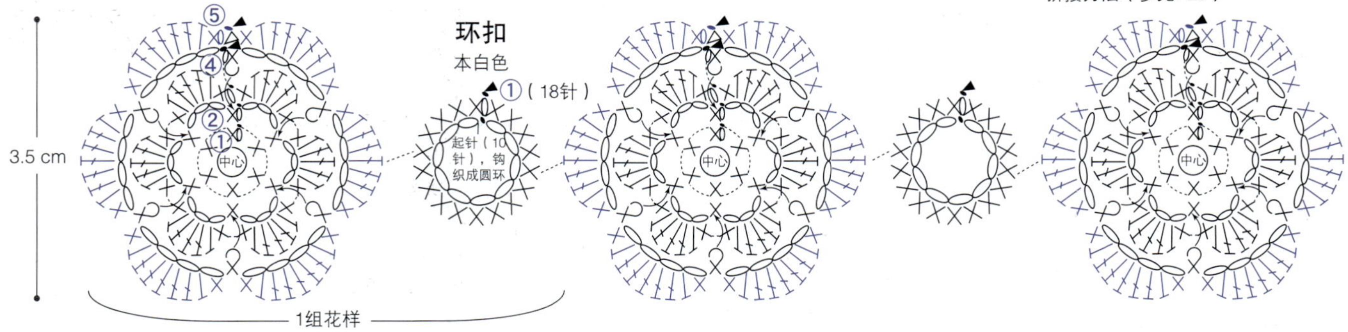


# 45

约 31cm（2¾ 组花样）

作品详见P36

纯毛中细　黄绿色…6g，

黄色…3g，茶色…1g

马海毛　本白色…1g

钩针3/0号

花朵 ——=黄绿色 ——=黄色

※ 将第1行外侧的1根横线挑起后再钩织第2行

※ 将第1行内侧的1根横线挑起后再钩织第3行

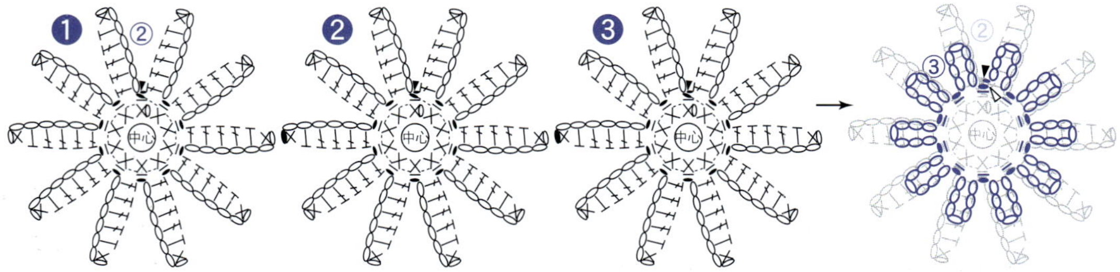


蜜蜂 ——=黄色 ——=茶色 ——=本白色

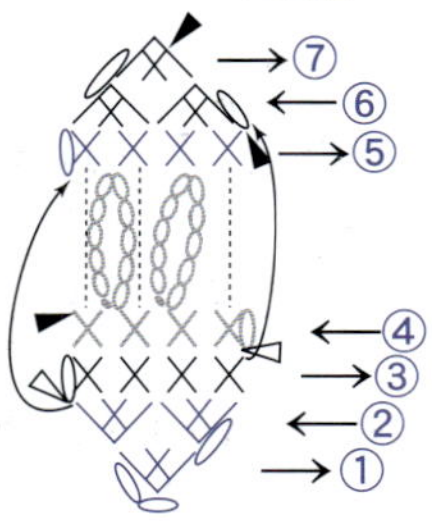

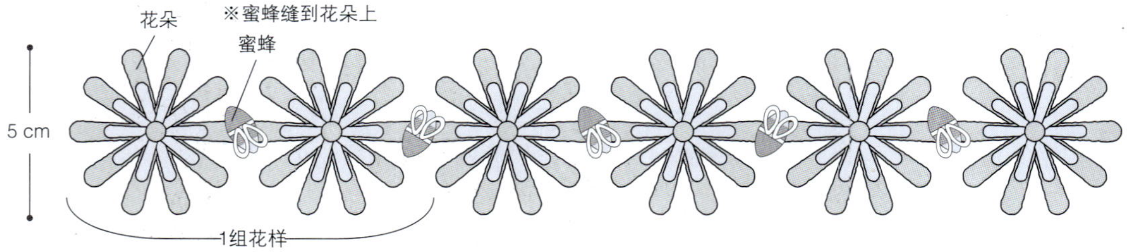


# 46

约 35cm（5 组花样）

作品详见P36

Emmygrande

紫色…9g，

绿色…4g，

黄绿色…3g，

黄色…2g

钩针3/0号

叶子 绿色

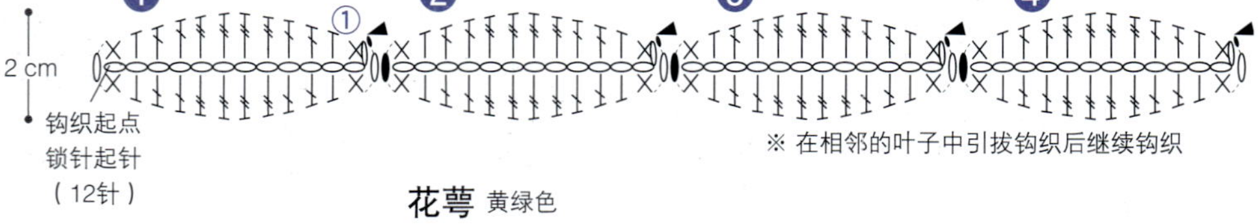


※ 在相邻的叶子中引拔钩织后继续钩织

花朵 紫色

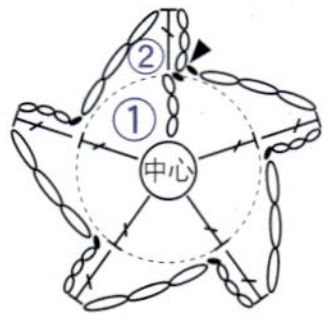


花芯 黄色

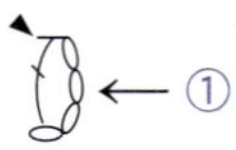

将花芯钩织起点处和终点处的线头从花朵中心穿过，打结

花萼 黄绿色

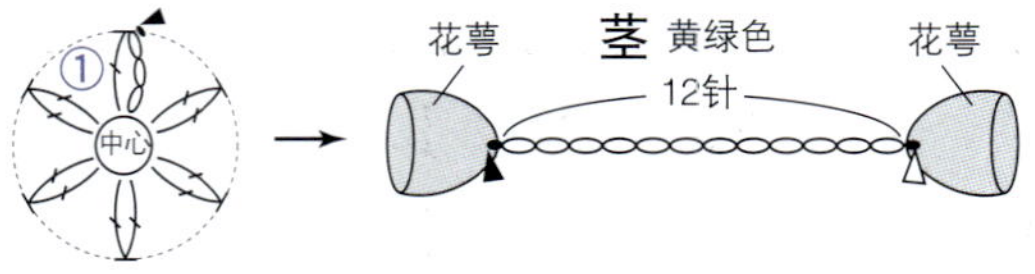


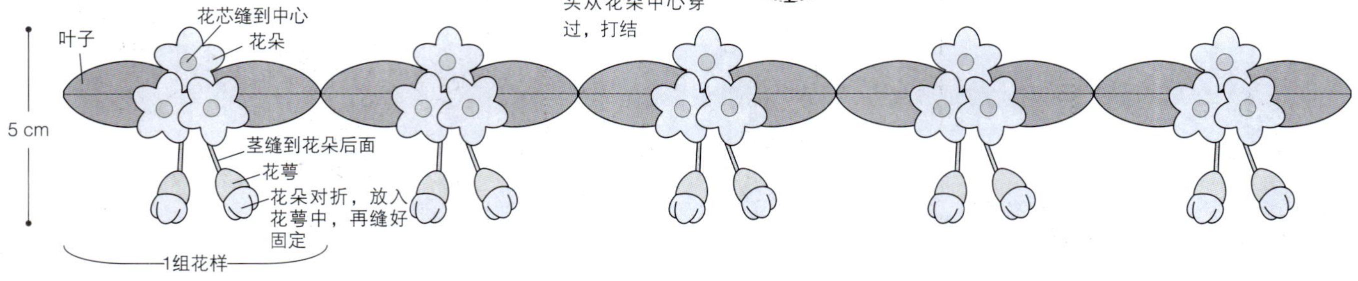

## 57

约 33cm(4½ 组花样)

作品详见P41

Exceed Wool FL（普通粗）
土黄色…5g，
深绿色…1g
Couche 橙色系…1g
钩针4/0号

### 狮子的躯干 土黄色

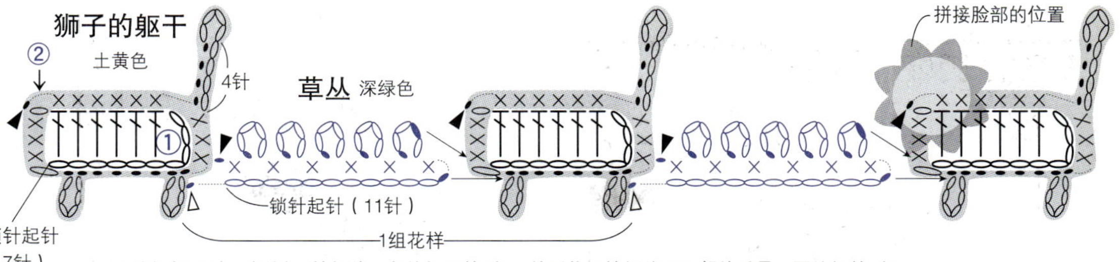


※ 钩织躯干时，先钩织2块织片，各钩织至第1行，然后将两块织片正面朝外重叠，再钩织第2行

### 钩织顺序

1. 先钩织狮子躯干。
2. 一边钩织草丛一边按照图示方法与狮子躯干拼接。
3. 钩织脸部，再拼接到狮子躯干上。
4. 在狮子的脸部刺绣，完成。

### 脸部

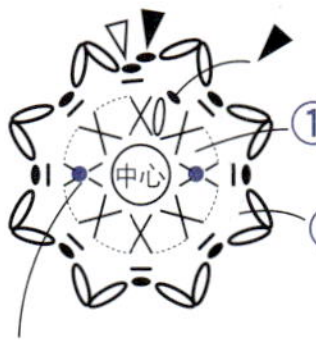


刺绣眼睛的位置［用深绿色的半份拆分线（参见P43）绣出缠1圈的法式结粒绣］

### 脸部的拼接方法

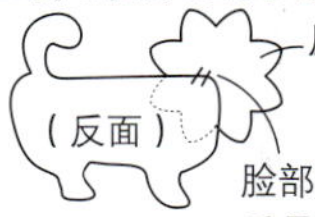

## 64

约 30cm（8½ 组花样）

作品详见P45

Emmygrande 浅茶色…10g，本白色…2g
Emmygrande（Colors）芥末色…2g，砖红色…2g
直径3mm的黑色珠子插片…18颗
黑色包扣（鼻子）/宽4.5mm…9颗
黏合剂
蕾丝针0号

※ 躯干的钩织方法与作品63的小猫（参见P47）相同，用浅茶色线钩织
※ 反面当作正面

### 脸部 浅茶色

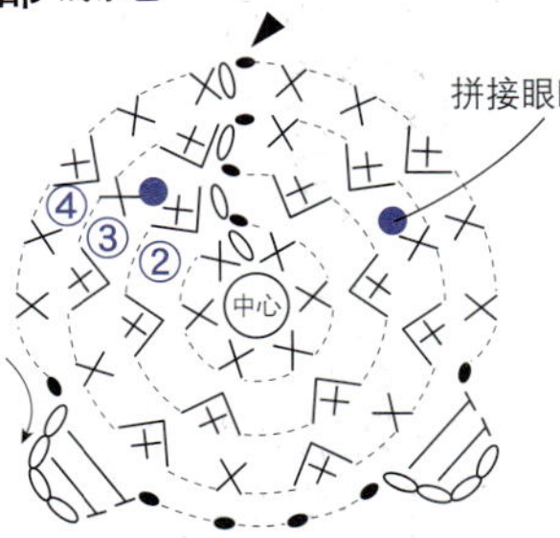


※ 反面当作正面
※ 眼睛拼接到指定位置的反面

### 橡子

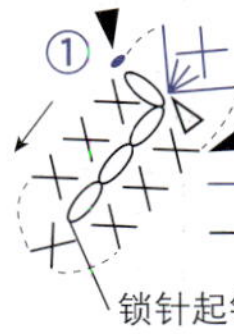


=在1针锁针中织入5针短针

### 嘴巴 本白色

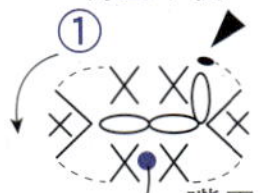


### 拼接方法

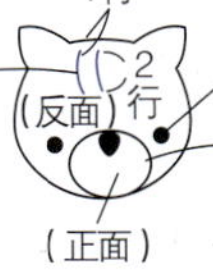


用2股砖红色线绣直线绣（参见下图）

眼睛用黏合剂粘贴（参见P46）

将粘有鼻子的嘴巴用黏合剂贴到眼睛与眼睛之间

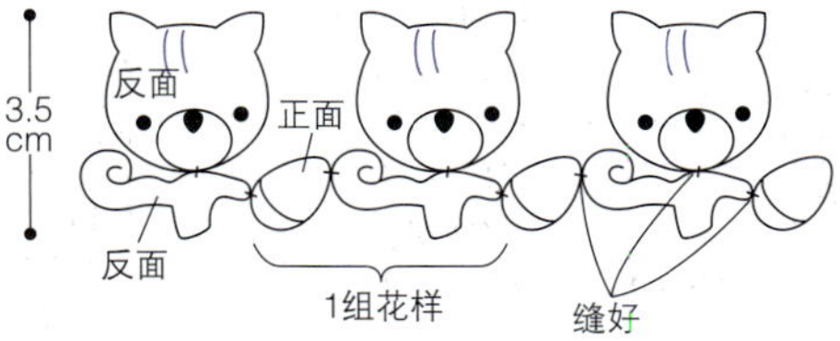


### 法式结粒绣

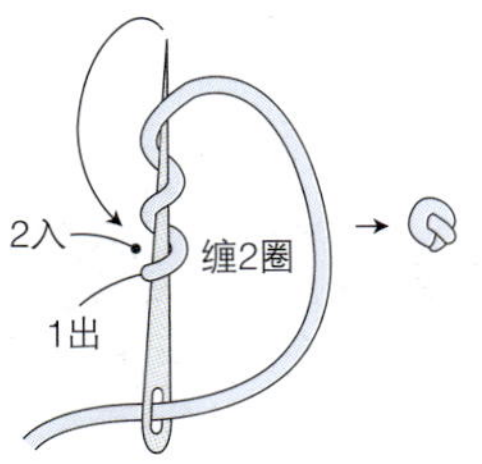


从1处抽出针，线在针上缠2~3圈。然后从2处（与1处接近或重叠）插入针，再从后面抽出

### 直线绣

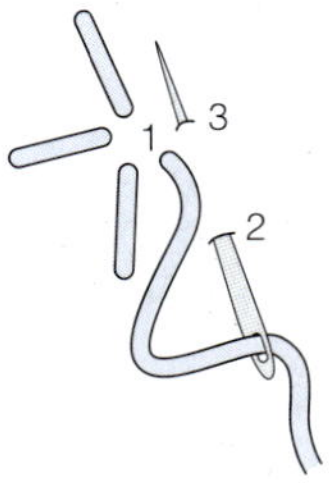


从1处抽出针，插入2处，再从3处抽出

### 平式花瓣绣

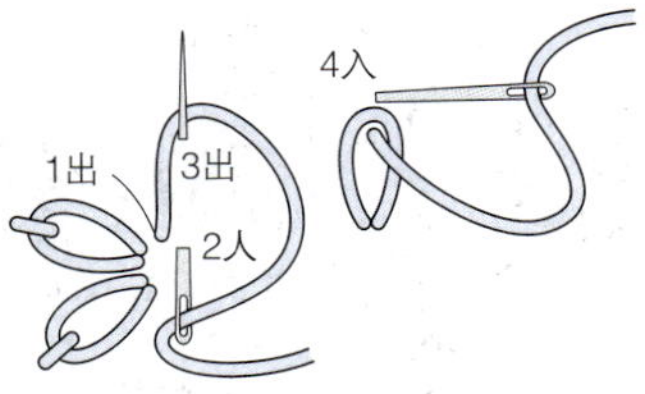

## 动物

51

52

53

金鱼

大象

松鼠和橡子

钩织方法：P42　设计制作：OKA MARIKO

## 动物

54

55

56

57

钩织方法：54、55、56见P43，57见P39　设计制作：OKA MARIKO

# 51

约32cm（8个花样）

作品详见P40

Sarie 橙色与胭脂色系段染…4g
填充棉少许
钩针2/0号

## 钩织顺序

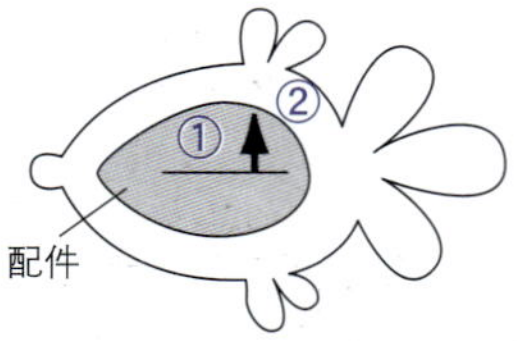


1. 钩织2块配件，钩织完第1行即可。
2. 配件按照右下图所示正面朝上，两块重叠塞入填充棉，同时钩织第2行订缝（第1条金鱼完成）。
3. 从第2条开始，在相邻的锁针中钩织引拔针，一边拼接一边继续钩织。

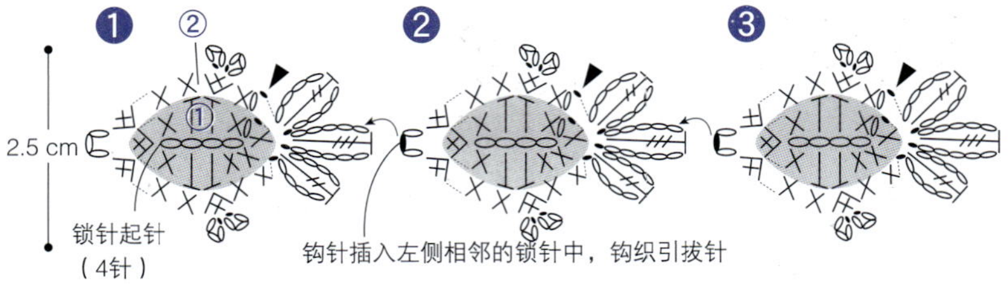


（第2行）= 在上一行的1针短针中织入2针狗牙针、1针短针

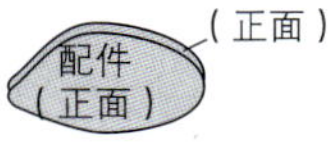


# 52

约33cm（5个花样）

作品详见P40

Emmygrande（Herbs）浅茶色…5g
Berger 粉色系段染…4g
钩针2/0号、4/0号

**大象**　浅茶色　2/0号钩针

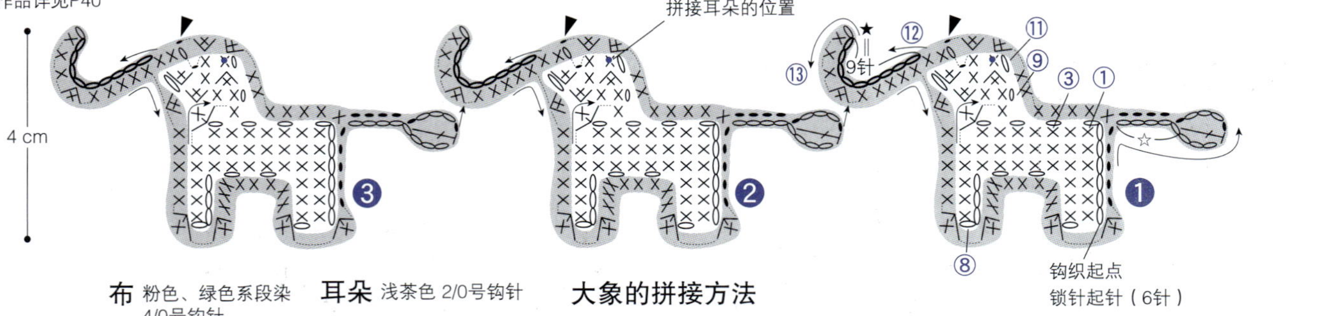


（鼻子★印记处的9针）=在此针中钩织×时，将锁针的里山挑起后再钩织

（尾巴☆印记处的5针）=在此针中钩织-和丅时，将锁针外侧的横线（半针）和里山挑起后再钩织

**布**　粉色、绿色系段染　4/0号钩针

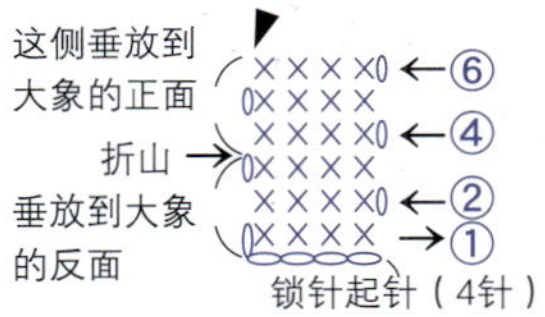


※ 钩织起点处与终点处各留出10cm的线头

**耳朵**　浅茶色　2/0号钩针

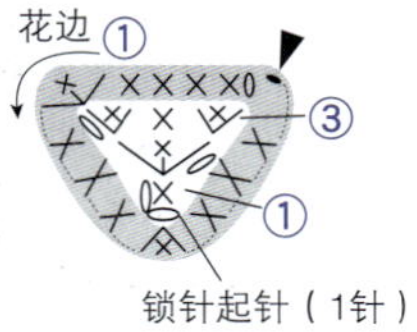


**大象的拼接方法**

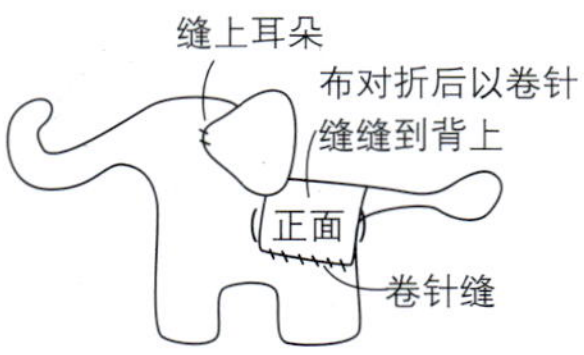


# 53

约30cm（4组花样）

作品详见P40

纯毛中细　摩卡茶色…5g，焦茶色…4g，橄榄绿…2g
填充棉少许　钩针3/0号

**松鼠**

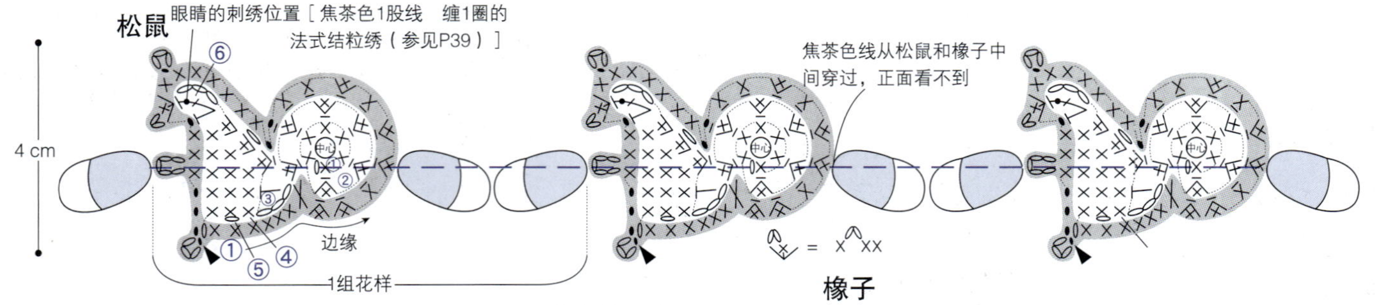


X=短针的条针

**橡子**

第3~5行…焦茶色
第1、2行…橄榄绿

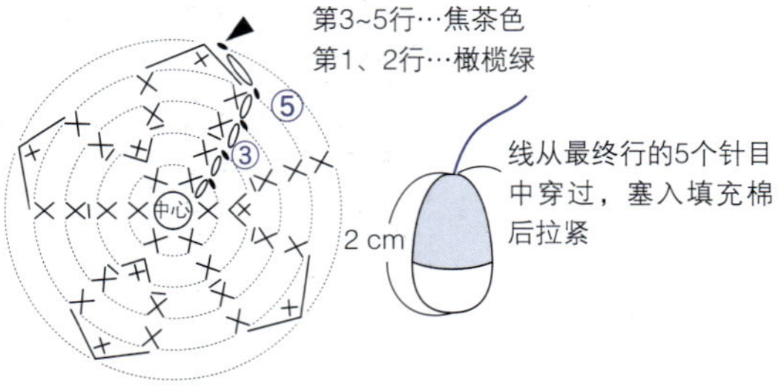


## 钩织顺序

1. 钩织两块松鼠身体的配件，钩织1~6行。
2. 配件正面朝上，两块重叠后塞入填充棉，同时钩织边缘。
3. 刺绣眼睛。
4. 钩织橡子。
5. 按照图示交替放置橡子和松鼠，线从中间穿过，注意不要影响到正面效果。

# 54

约 30cm（7 个花样）

作品详见P41

Cotton Kona Fine
米褐色…2g
Antibes 红色…6g
钩针2/0号、4/0号

**蜗牛躯体** 米褐色 2/0号钩针

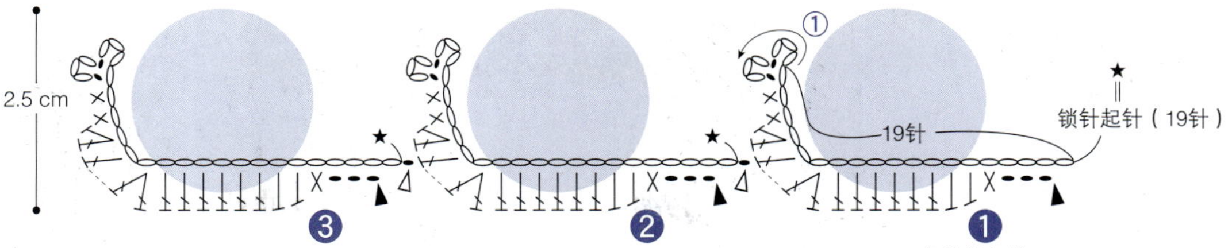


X＝短针的条针

## 钩织顺序

1. 一边拼接一边钩织蜗牛。
2. 将2块1组的蜗牛壳卷针缝到躯体上。

**蜗牛壳** 红色 4/0号钩针

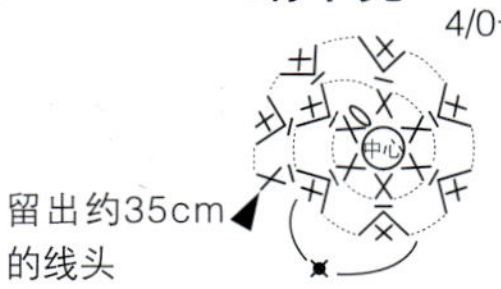


※ 钩织螺旋状
※ 1只蜗牛钩织两个壳

## 蜗牛壳的拼接方法

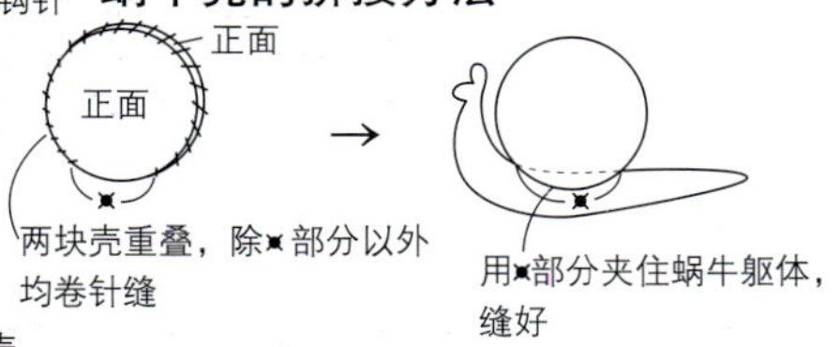


# 55

约 30cm（2¾ 组花样）

作品详见P41

Emmygrande 绿色…3g
Emmygrande（Colors）黄绿色…2.5g
Emmygrande（Herbs）浅绿色…2.5g
填充棉少许 钩针2/0号

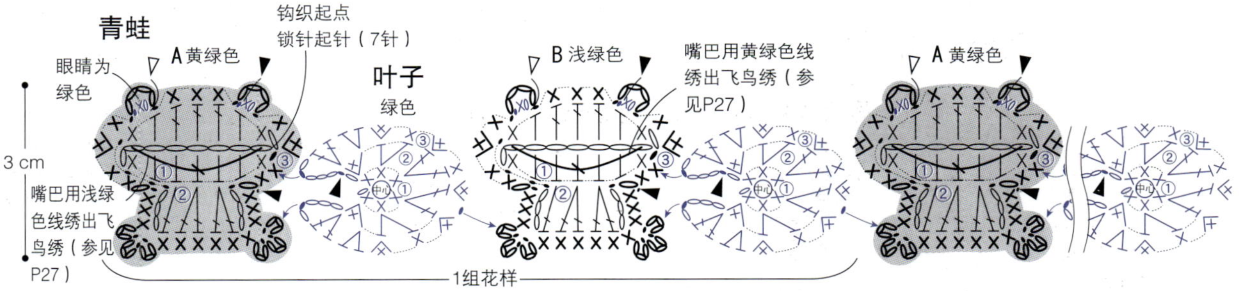


## 青蛙的钩织方法

※ A、B仅配色不同，钩织方法记号图共通

1. 钩织两块配件，织完第2行，然后正面朝上，两块重叠。
2. 脸部塞入填充棉，同时钩织第3行，缝合。
3. 钩织眼睛、刺绣嘴巴，完成。

## 拼接方法

1. 钩织必要块数的青蛙A、B。
2. 按照图示方法钩织叶子，同时交替拼接A、B。

# 56

约 31cm（3½ 组花样）

作品详见P41

Exceed Wool M（中细）粉色…4g，
焦茶色…少许
TiTi Crochet 本白色…3g
填充棉少许
钩针3/0号

**小猪** 粉色

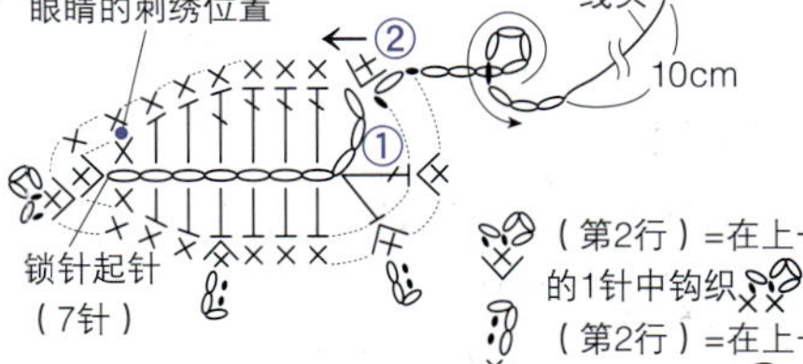


（第2行）＝在上一行的1针中钩织

（第2行）＝在上一行的1针中钩织

**珍珠** 本白色 ※按照❶～❺的顺序一边钩织一边拼接

● （第2行）＝将相邻短针外侧的横线（半针）挑起后引拔钩织花样❷～❺的引拔针

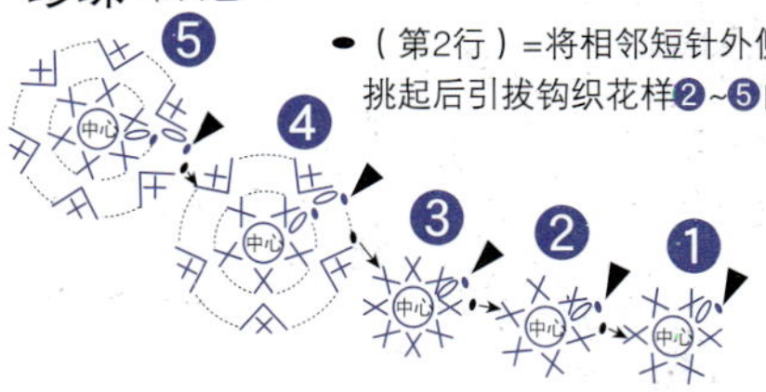


## 小猪的钩织方法

1. 钩织两块织片，钩织完第1行，然后正面朝上，两块重叠。
2. 塞入填充棉后钩织第2行，缝合。

**半份拆分线**

先用针尖将1根线拆开，分开后的其中一半线即为半份拆分线

## 拼接方法

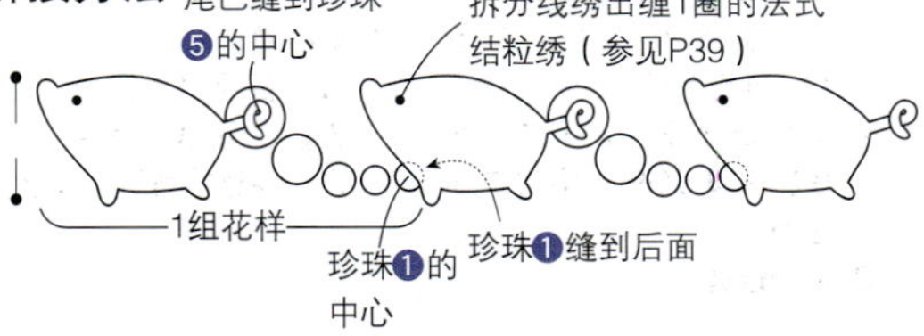

腊肠狗&骨头

小兔&心形

乌龟

钩织方法：P46　设计制作：Hosh☆Mituki

钩织方法：61、62、63见P47，64见P39　设计制作：Hosh☆Mituki

# 58

约 30cm（4½ 组花样）

作品详见P44

Emmygrande
浅茶色…4g，
本白色…2g，
茶色…1g，
黑色…少许
直径3mm的黑色珠子
插片…4颗
黏合剂
蕾丝针0号

**躯干** 浅茶色

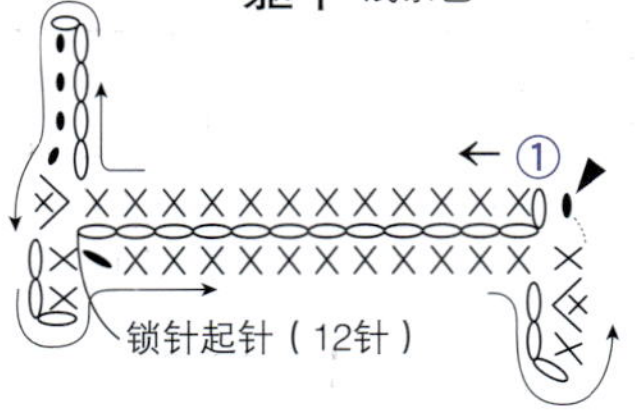


**脸部** 浅茶色

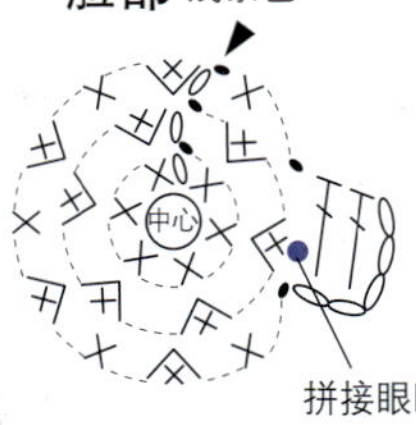


※反面当作正面使用

**骨头** 本白色

锁针起针（8针）

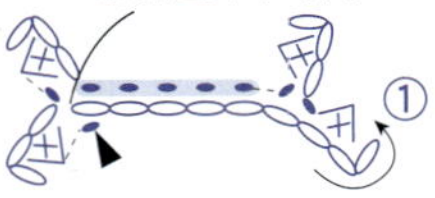


= 将锁针的里山挑起后钩织引拔针

**耳朵** 茶色

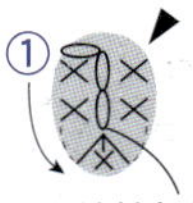


锁针起针（2针）

**拼接方法**

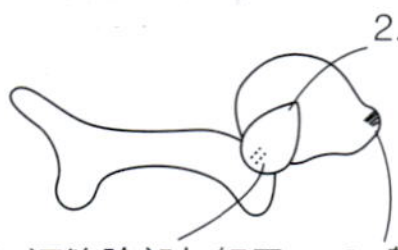


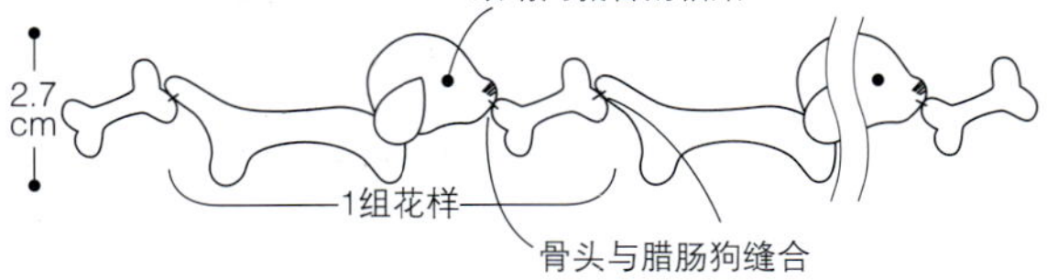


# 59

约 30cm（9 组花样）

作品详见P44

Emmygrande 粉色…10g，本白色…3g
Emmygrande（Colors）红色…5g
直径3mm的黑色珠子插片…18颗
黑色包扣（鼻子）/宽4.5mm…9颗
黏合剂
蕾丝针0号

**脸部** 粉色

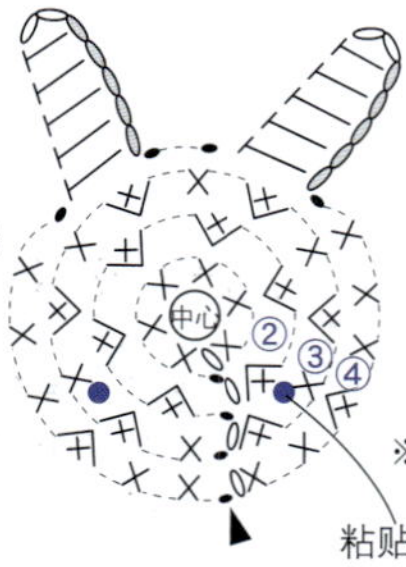


（第4行）= 此针是将锁针上侧的横线（半针）和里山挑起后再钩织中长针

**躯干** 粉色

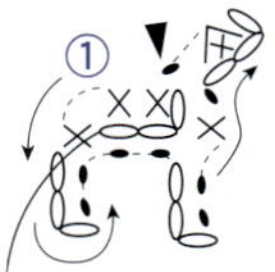


※脸部与躯干使用反面

**嘴巴** 本白色

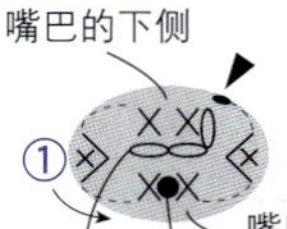


**心形** 红色

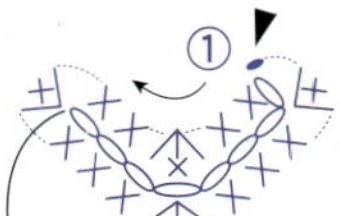


**眼睛的粘贴方法**

黑色珠子插片

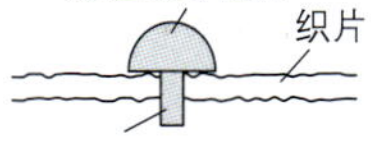


涂上黏合剂插到织片中，多余的部分用指甲刀或钳子等剪掉

**拼接方法**

1. 将缝有鼻子的嘴巴部分用黏合剂粘贴到眼睛之间。

2. 缝好脸部、躯干、心形。

# 60

约 31cm（4½ 组花样）

作品详见P44

Emmygrande 米褐色…7g，茶色…4g
Emmygrande（Colors）黄绿色…4g
直径3mm的黑色珠子插片…18颗　黏合剂　填充棉少许
蕾丝针0号

**※ A、B各部分的钩织方法、拼接方法共通**
**配色参照右侧的表格钩织**

**龟壳**

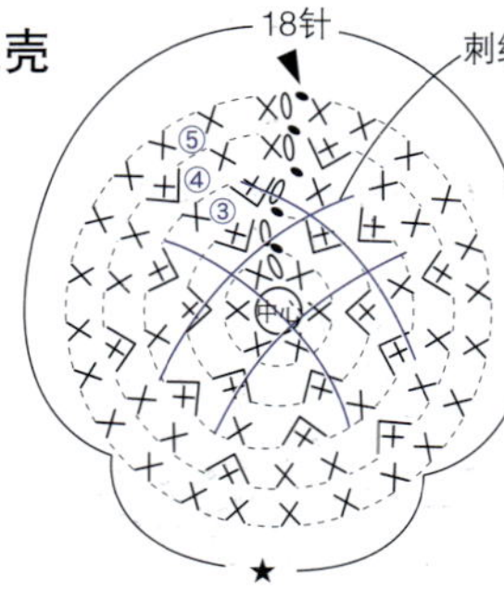


**腹部**

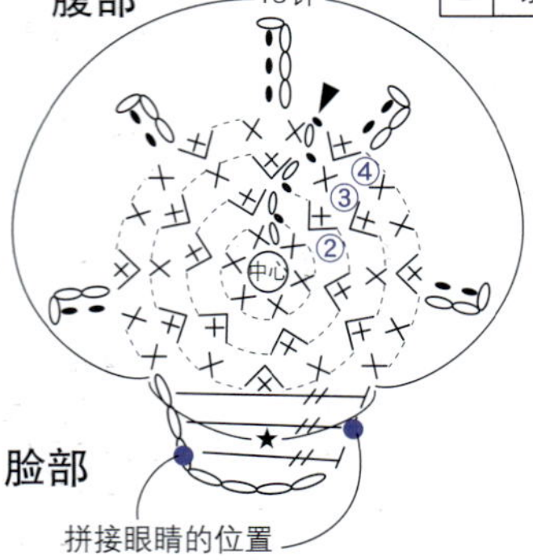


**脸部**

拼接眼睛的位置

**A、B的配色表**

| | 龟壳 | 刺绣 | 脸部、腹部 |
|---|---|---|---|
| A | 黄绿色 | 米褐色 | 米褐色 |
| B | 茶色 | 米褐色 | 米褐色 |

**拼接方法**

2. 用直线绣（参见P39）在龟背上刺绣。

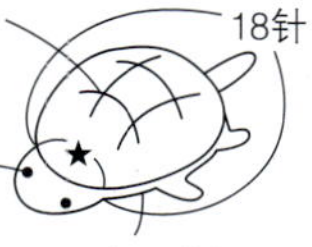


1. 眼睛用黏合剂粘贴到指定位置。

3. 龟壳、腹部正面朝上两块重叠，塞入填充棉将18针与18针、★印记与★印记处各自卷针缝。

乌龟A、B交替配置缝好

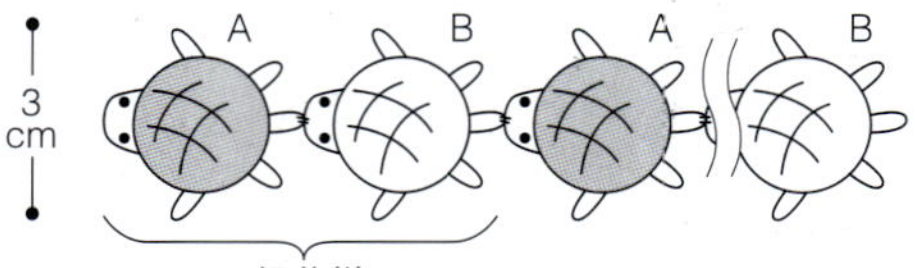

## 61

约 30cm（8 组花样）

作品详见P45

Emmygrande 浅粉色…5g，
深粉色…4g
直径3mm的黑色珠子插片…16颗
黑色圆形小串珠…16颗
黏合剂
蕾丝针0号

**脸部** 浅粉色

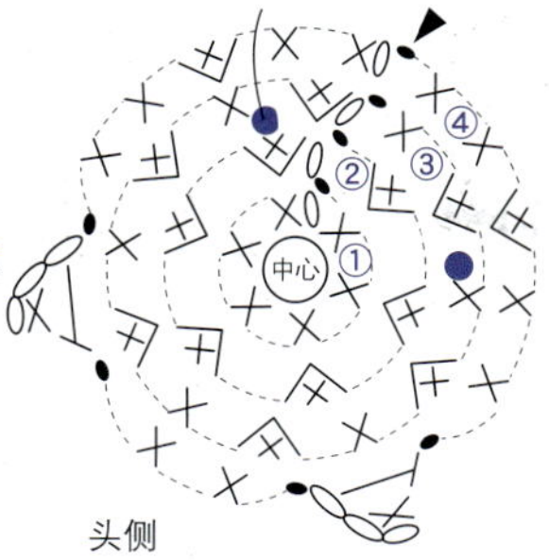


※ 反面当作正面
※ 眼睛缝到指定位置的反面

**嘴巴** 浅粉色

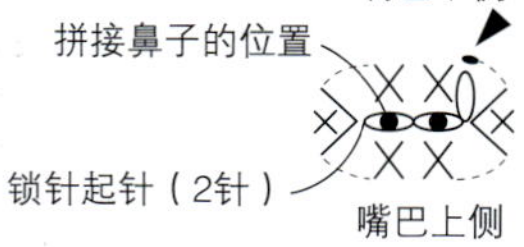


**花朵** 深粉色

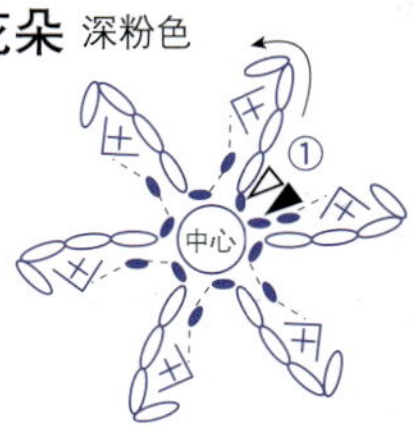


**拼接方法**

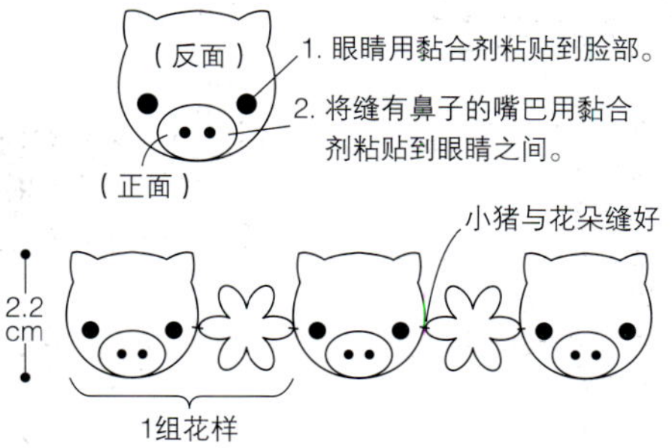


## 62

约 30cm（8 组花样）

作品详见P45

Emmygrande 茶色…5g，本白色…3g，黄色…4g
直径3mm的黑色珠子插片…16颗
黑色包扣（鼻子）/宽4.5mm…8颗
黏合剂
蕾丝针 0号

**脸部** 茶色

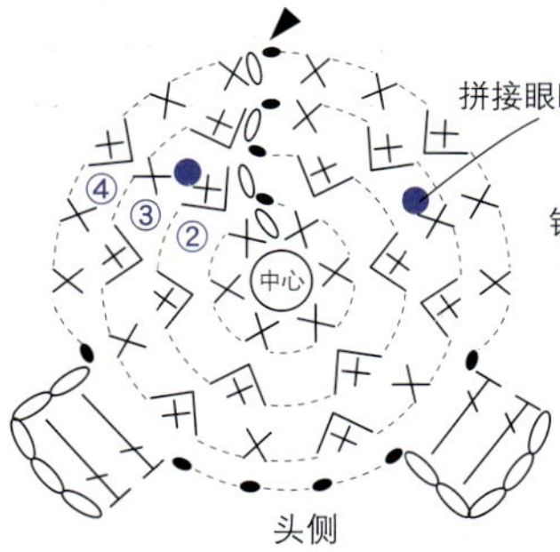


※反面当作正面
※眼睛缝到指定位置的反面

**嘴巴** 本白色

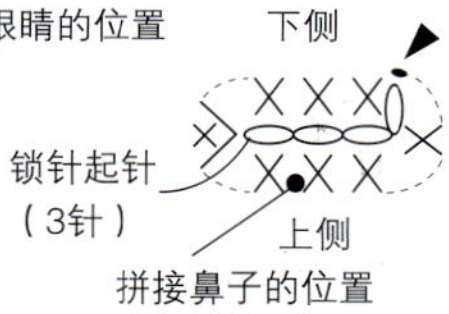


**星星** 金黄色

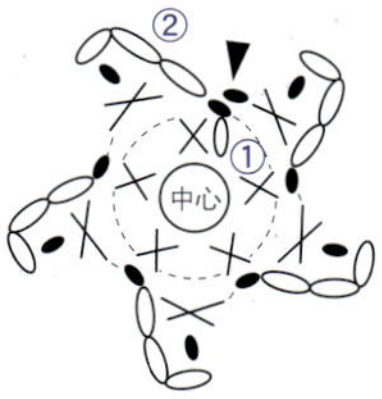


※反面当作正面

**拼接方法**

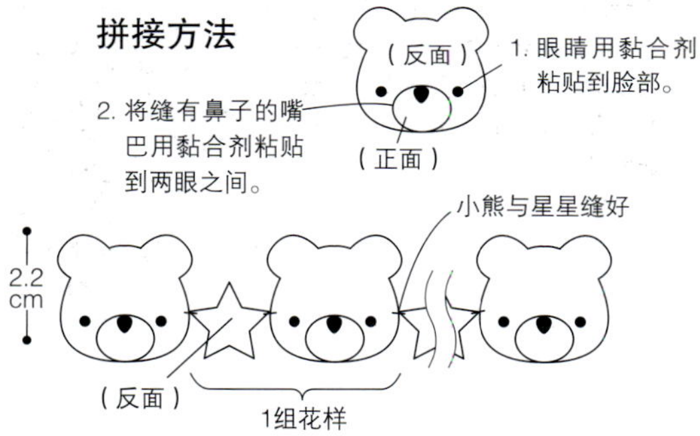


## 63

约 32cm（6½ 组花样）

作品详见P45

Emmygrande 本白色…8g，淡蓝色…3g，深粉色…少许
直径3mm的黑色珠子插片…14颗
圆形小串珠…6颗
黏合剂
蕾丝针0号

**小鱼** 淡蓝色

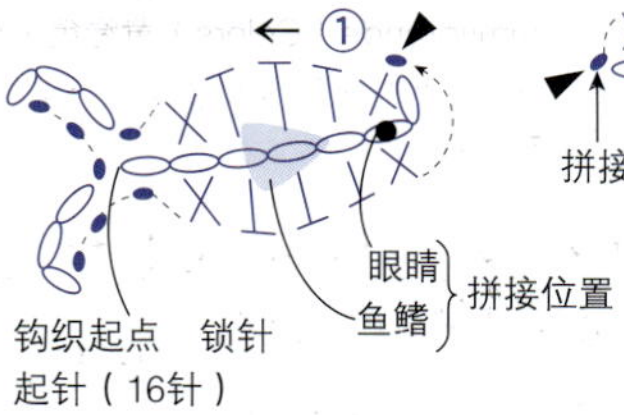


**鱼鳍** 淡蓝色

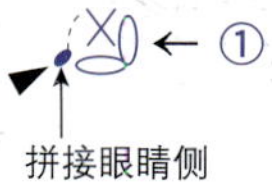


**脸部** 本白色

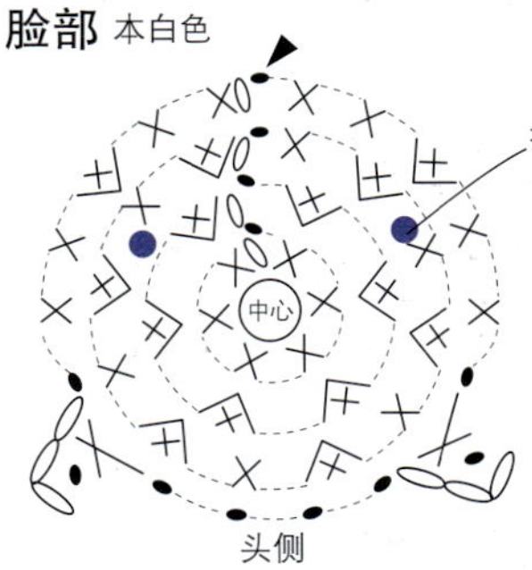


※ 反面当作正面
※ 眼睛缝到指定位置的反面

**躯干** 本白色

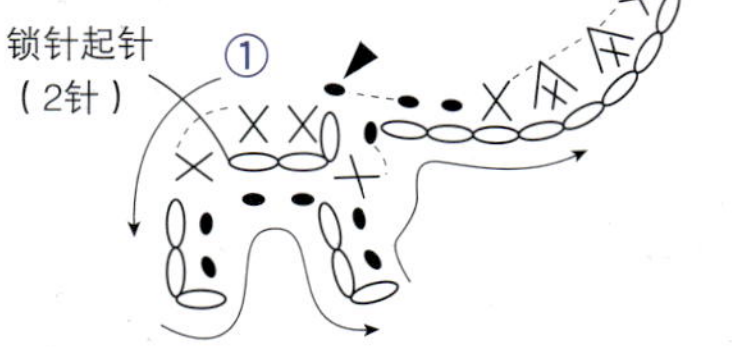


※反面当作正面

**拼接方法**

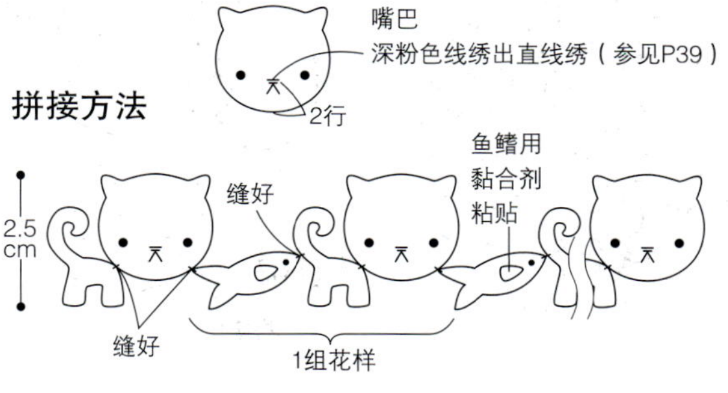

# PART Ⅲ

## 甜点 水果 蔬菜

女孩子喜欢的甜点、色彩鲜艳的水果、新鲜的蔬菜。
这是以可口的食物为主题的编织物。

小番茄

糖

豆荚&器皿

65

66

67

钩织方法：P50　设计制作：河合真弓

## 重点提示 76 作品详见P56

### 圆球的钩织方法

1 钩织至第5行后暂时停下，塞入填充棉。

2 第6行钩织6针短针（2针并1针）。

3 钩织完6针后剪断线，线头穿入缝衣针中，将周围短针2针并1针的头针外侧半针挑起。

4 拉紧线头。再挑一圈外侧半针，处理线头，完成。

## 重点提示 77 作品详见P56

### 橘子的缝法（整针卷针缝）

1 钩织出橘子的上半部分和下半部分，准备好泡沫球。下半部分留出长线头后再剪断，用于卷针缝。

2 用织片盖住泡沫球，整针（头针的2根线）挑起缝合。

3 下面的针目也是整针（头针的2根线）挑起缝合。

4 按同样的方法逐一将针目挑起，卷针缝一周。处理线头，完成。

## 重点提示 79 作品详见P57

### 切片草莓的缝法（半针卷针缝）

1 钩织两片草莓切片，其中1片留出卷针缝用的长线头。

2 两块正面朝外合拢对齐。长针的针目分开挑起，锁针将内侧的半针挑起缝合。

3 短针也是将头针内侧的半针挑起。

4 按照同样的方法逐一将针目挑起，卷针缝一周，处理线头，完成。

# 65

约 31cm（15 个花样）

作品详见P48

Emmygrande（Colors）红色…5g
Emmygrande 深绿色…2g
填充棉少许
钩针2/0号

**果实** 红色

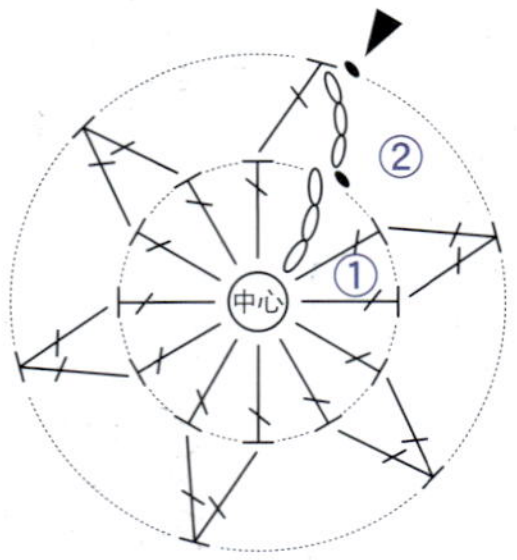


塞入填充棉，线从最终行的6个针目中穿过，拉紧

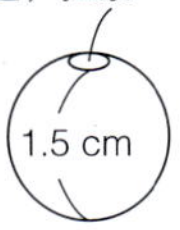


**蒂** 深绿色

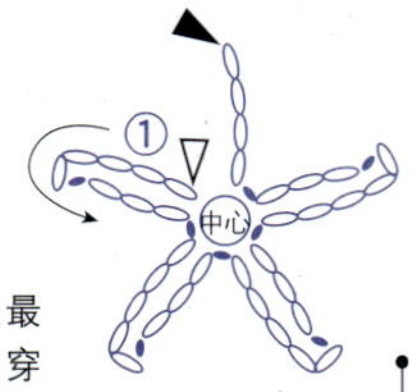


## 拼接方法

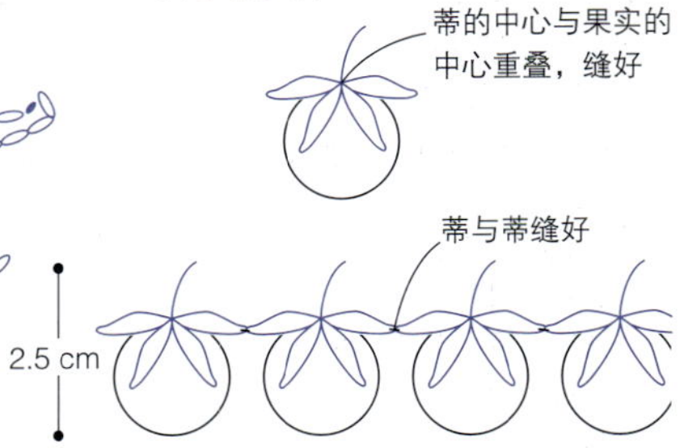


# 66

约 31cm（3½ 组花样）

作品详见P48

Emmygrande（Herbs）白色…2g，深粉色…3g，淡蓝色…3g
填充棉少许
钩针2/0号

**糖**（A、B共通）

※A、B仅配色不同

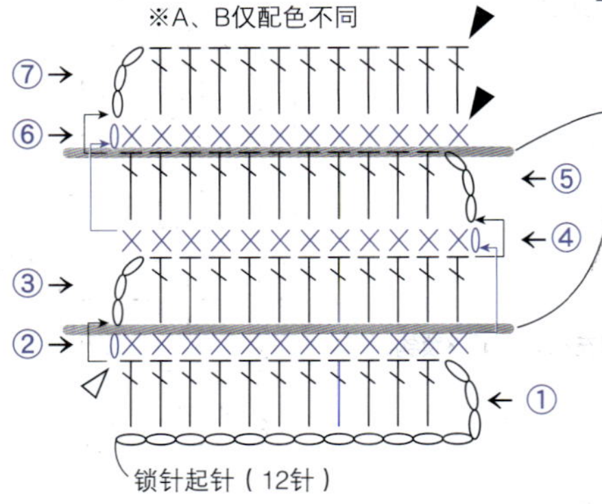


## 拼接方法（A、B共通）

1. 中央塞入填充棉。
2. 拉紧线后继续在织片的上方缠1圈打结，处理线头。

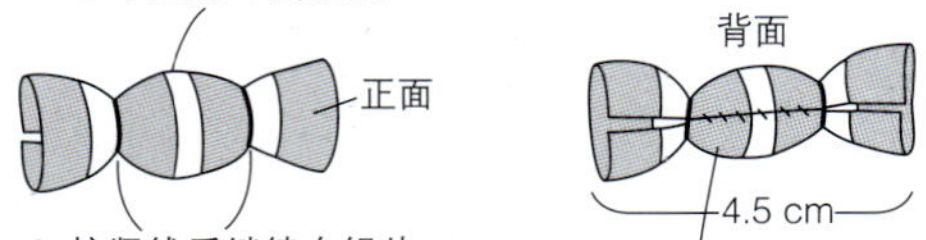


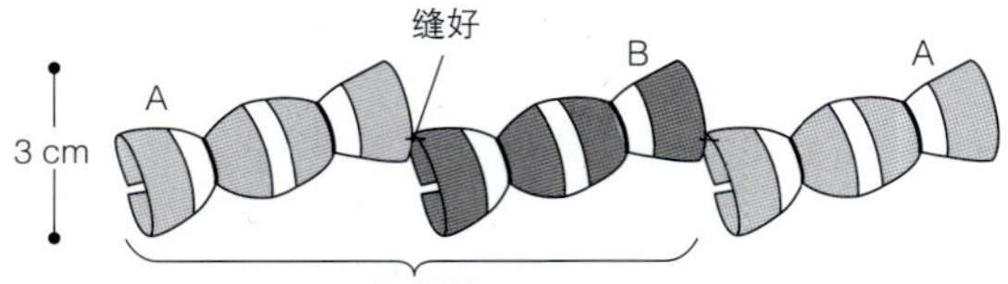


# 67

约 34cm（7 组花样）

作品详见P48

Cotton Kona 绿色…4g，黄绿色…2g，本白色…6g
钩针4/0号

**器皿** 本白色

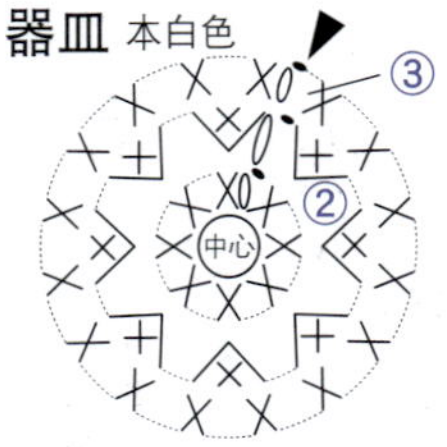


**豆荚** 绿色

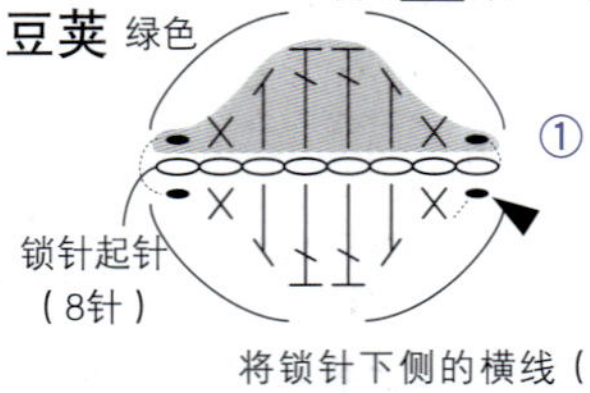


**豆子A** 黄绿色

**豆子B** 黄绿色

## 拼接方法

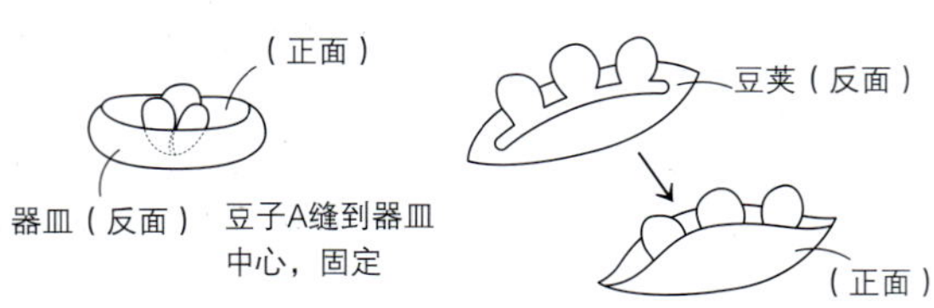


豆子B放到豆荚中央，对折。再从内侧整理豆子和豆荚的形状

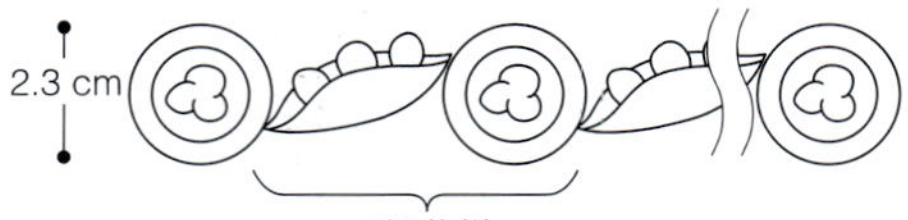

## 68

约 30cm（8½ 组花样）

作品详见P52

Exceed Wool FL（普通粗）
土黄色…5g
纯毛中细　红色…2g
马海毛　本白色…2g
浅粉色圆形大串珠…48颗
粉色缝纫线少许
填充棉少许
钩针2/0号、3/0号

### 樱桃 红色

钩针2/0号

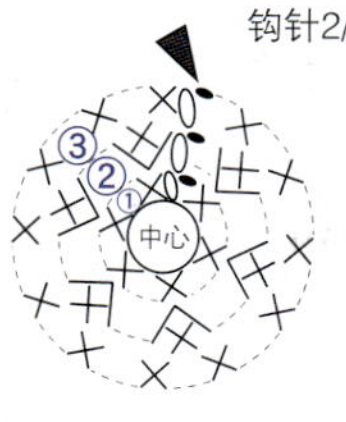


### 奶油 本白色

钩针3/0号

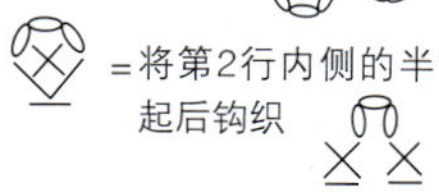


### 樱桃

1. 塞入填充棉后线头从最终行的12个针目中穿过。
2. 1根土黄色的线打过结后从下方穿入，从上方穿出后再打结，用作装饰。

### 纸杯

钩针3/0号
土黄色

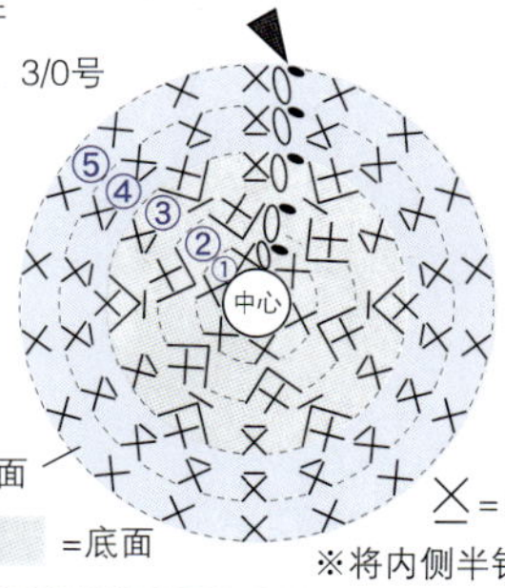


纸杯的针数表

| 行数 | 针数 | 加减针 |
|---|---|---|
| 5 | 18 | |
| 4 | | |
| 3 | 18 | +6 |
| 2 | 12 | +6 |
| 1 | 6 | |

⨯ = 短针的条针

※将内侧半针挑起后钩针第3行，将外侧半针挑起后钩织第4行

### 组合方法

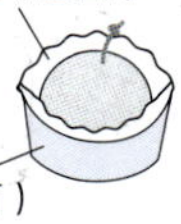


1. 分别钩织好各部分，然后将樱桃的下侧固定在奶油的第1行。
2. 将1放入纸杯中，再将奶油第2行与纸杯第3行剩余的半针卷针缝。

### 拼接方法

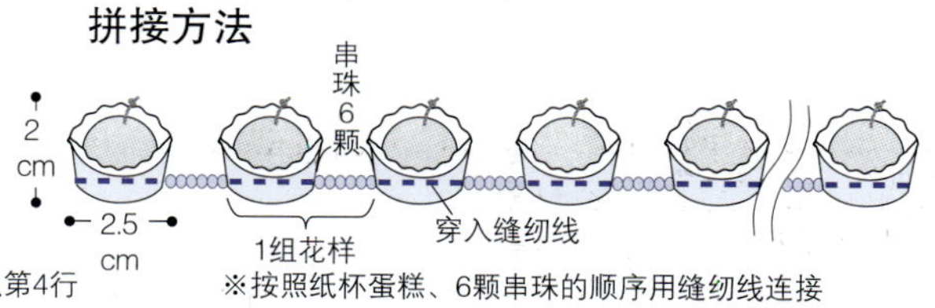


※按照纸杯蛋糕、6颗串珠的顺序用缝纫线连接

## 69

约 31cm（6 组花样）

作品详见P52

New 3PLY 黄色…12g，
焦茶色…8g
填充棉少许
钩针2/0号

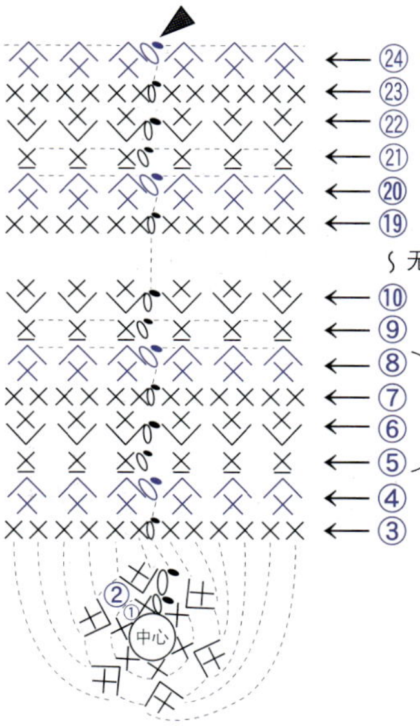


※ 线从最终行的6个针目中穿过，与第1行缝合形成圆环

⨯ =短针的条针

——=在此行塞入填充棉，同时继续钩织

针数表

| 行数 | 针数 | 加减针 |
|---|---|---|
| 24 | 6 | －6 |
| 23 | 12 | |
| 22 | 12 | +6 |
| 21 | 6 | |
| ∫ | | |
| 8 | 6 | －6 |
| 7 | 12 | |
| 6 | 12 | +6 |
| 5 | 6 | |
| 4 | 6 | －6 |
| 3 | 12 | |
| 2 | 12 | +6 |
| 1 | 6 | |

（5～8行）重复

### 拼接方法

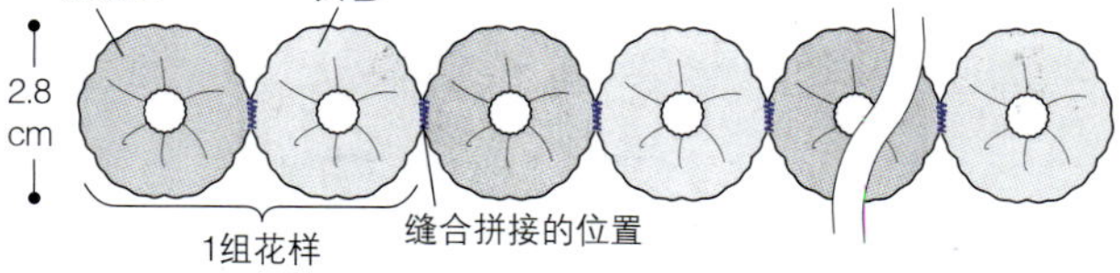


## 70

约 30cm（5½ 组花样）

作品详见P52

New 3PLY 玫瑰粉色…4g，
本白色…3g
Kid Mohair Fine 本白色…3g
钩针2/0号

### 海绵蛋糕

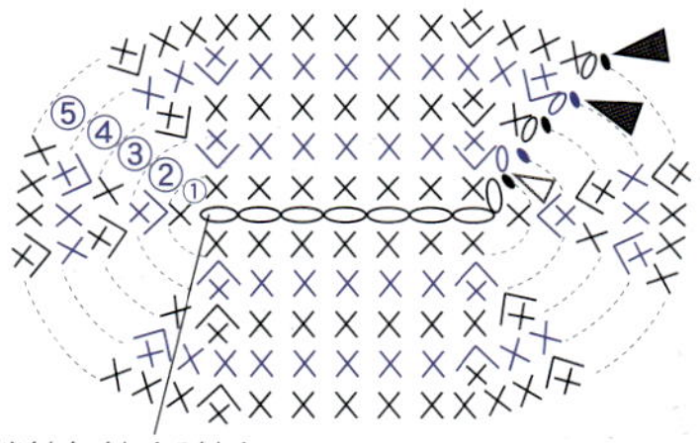


⨯ =本白色（New 3PLY）
⨯ =玫瑰粉色

### 草莓

玫瑰粉色

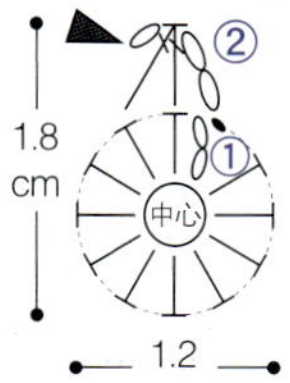


### 流苏底 本白色（Kid Mohair Fine）

2股线

### 流苏的拼接方法

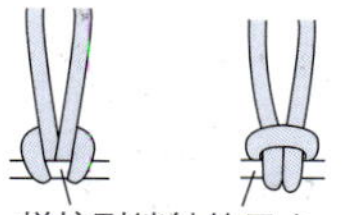


### 拼接方法

草莓放到海绵蛋糕上方，稍微重叠，反面缝好固定

长8cm的本白色4股线对折成流苏，拼接

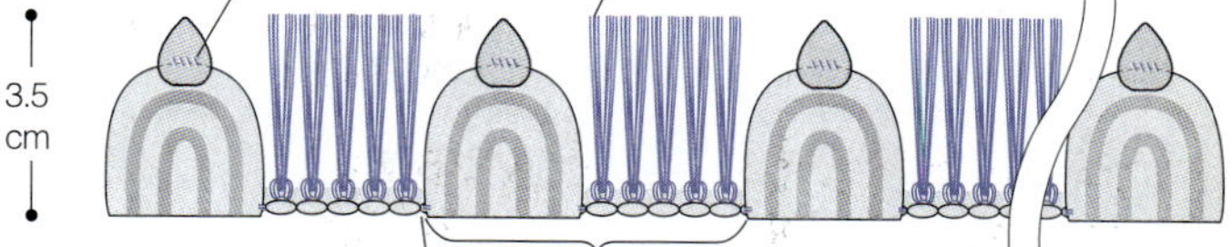


海绵蛋糕正面朝外，对折后将流苏底的顶端插入其中，再缝好两端

## 甜点
## （西式甜点）

68

69

70

杯子蛋糕

多纳圈

蛋糕卷

钩织方法：P51　设计制作：藤田智子

## 甜点
## （日式甜点）

71

72

73

74

钩织方法：71、72、74见P54，73见P63　设计制作：藤田智子

# 71

约 33cm（8½ 组花样）

作品详见P53

New 4PLY 粉色、绿色…各12g
直径6mm的茶色木质串珠…16颗
填充棉少许
钩针3/0号

**叶子** 绿色

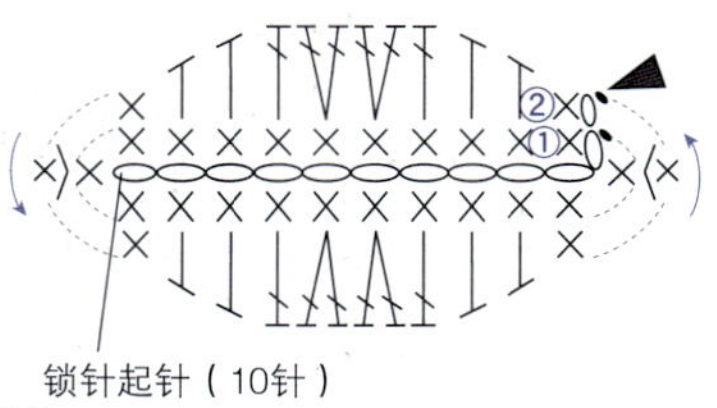


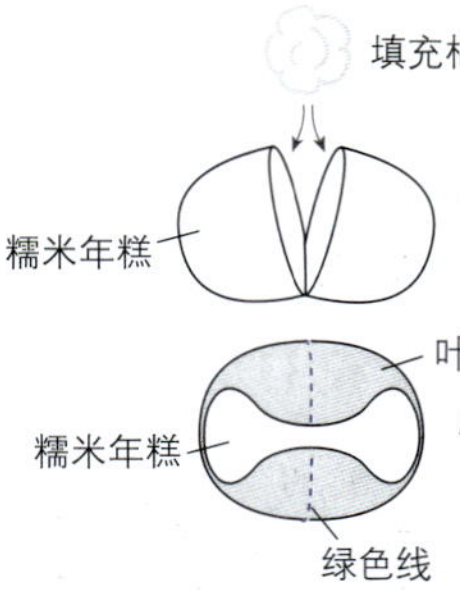


**糯米年糕** 2块1组 粉色

糯米年糕的针数表

| 行数 | 针数 | 加减针 |
|---|---|---|
| 4 | 12 | |
| 3 | | |
| 2 | 12 | +6 |
| 1 | 6 | |

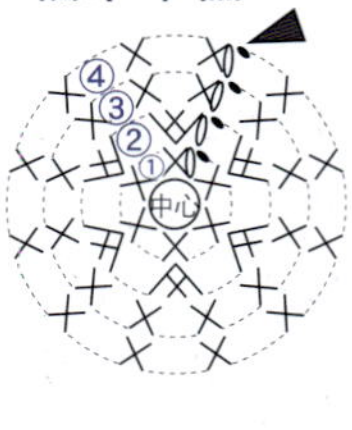


**拼接方法**

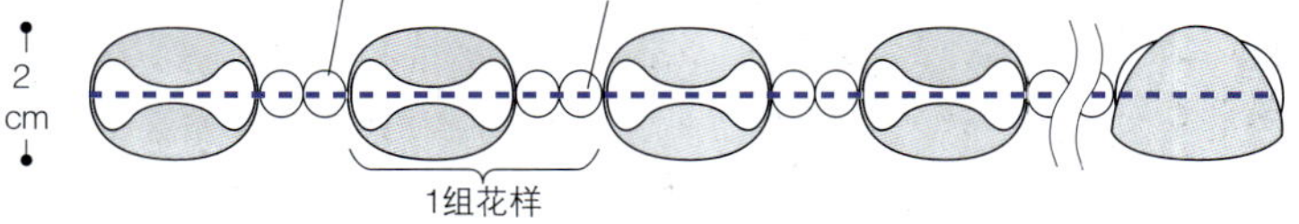


# 72

约 30cm（6½ 组花样）

作品详见P53

Emmygrande 淡蓝色…7g，
本白色…3g，深绿色…3g
紫色圆形小串珠…42颗
填充棉少许
钩针2/0号

**刨冰**

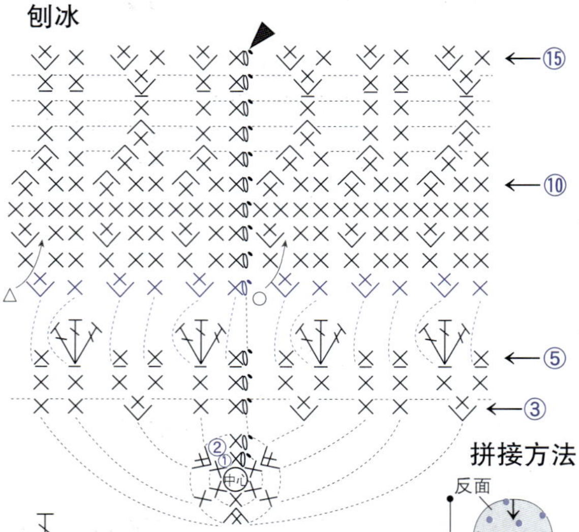


=长针的条针

=将上两行（第4行）外侧的半针挑起

=短针的条针

**勺子** 本白色

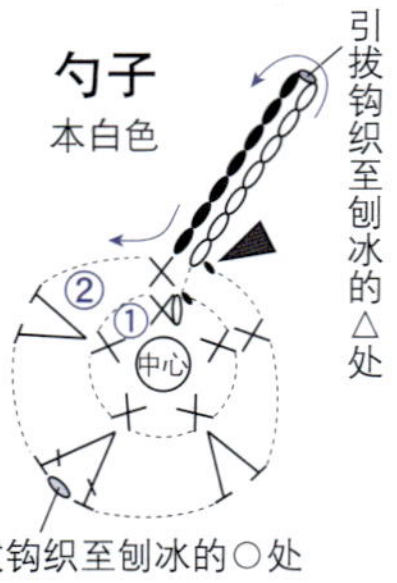


刨冰的针数和配色表

| 行数 | 针数 | 加减针 | 颜色 |
|---|---|---|---|
| 15 | 18 | +6 | 淡蓝色 |
| 14 | 12 | +3 | |
| 13 | 9 | | |
| 12 | 9 | -3 | |
| 11 | 12 | -6 | |
| 10 | 18 | -6 | |
| 9 | 24 | | |
| 8 | 24 | +6 | |
| 7 | 18 | | 本白色 |
| 6 | 18 | -2 | |
| 5 | 20 | +8 | 深绿色 |
| 4 | 12 | | |
| 3 | 12 | +3 | |
| 2 | 9 | +3 | |
| 1 | 6 | | |

反面当作正面
钩织完5行后剪断线，反面当作正面，在第7行接线后继续钩织

**底面** 淡蓝色

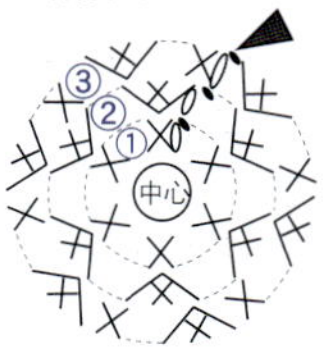


**拼接方法**

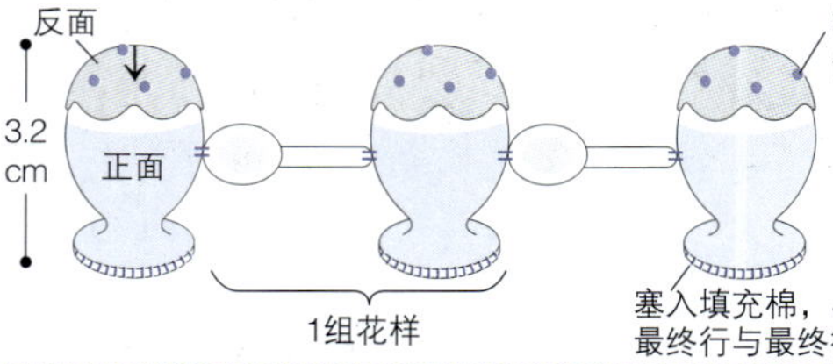


# 74

约 30cm（7½ 组花样）

作品详见P53

Emmygrande 浅粉色…7g，
本白色…4g，黄绿色…4g
牙签…8根
填充棉少许
黏合剂
钩针2/0号

**樱花** 浅粉色

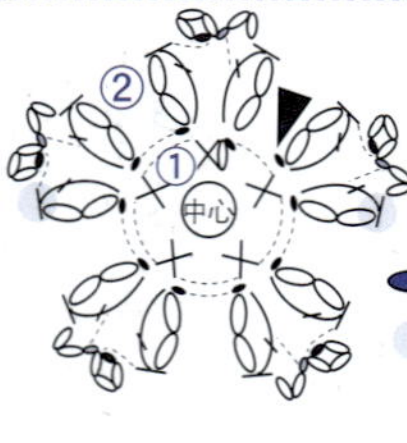


=在长针的尾针中引拔钩织

=固定江米团的位置

**拼接方法**

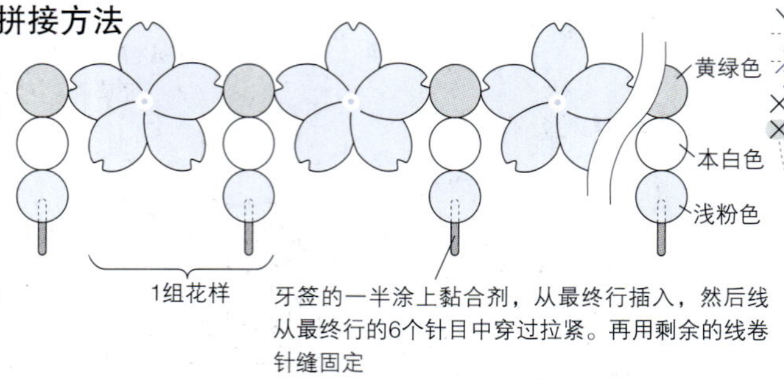


牙签的一半涂上黏合剂，从最终行插入，然后线从最终行的6个针目中穿过拉紧。再用剩余的线卷针缝固定

**江米团** ※线头留长一些

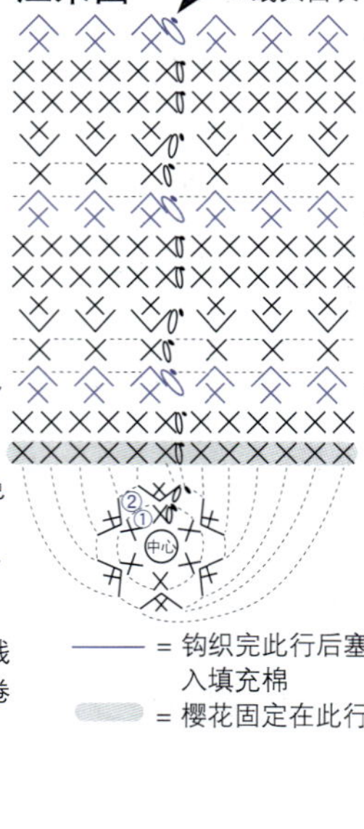


= 钩织完此行后塞入填充棉

= 樱花固定在此行

江米团的针数和配色表

| 行数 | 针数 | 加减针 | 颜色 |
|---|---|---|---|
| 15 | 6 | -6 | 浅粉色 |
| 14 | 12 | | |
| 13 | | | |
| 12 | 12 | +6 | |
| 11 | 6 | | |
| 10 | 6 | -6 | 本白色 |
| 9 | 12 | | |
| 8 | | | |
| 7 | 12 | +6 | |
| 6 | 6 | | |
| 5 | 6 | -6 | 黄绿色 |
| 4 | 12 | | |
| 3 | | | |
| 2 | 12 | +6 | |
| 1 | 6 | | |

## 75

约 30cm（4⅔ 组花样）

作品详见P56

New 3PLY 绿色、黄色…各3g，红色…2g
圆形小串珠黑色…15颗，黄色…30颗
钩针2/0号

### 叶子 绿色

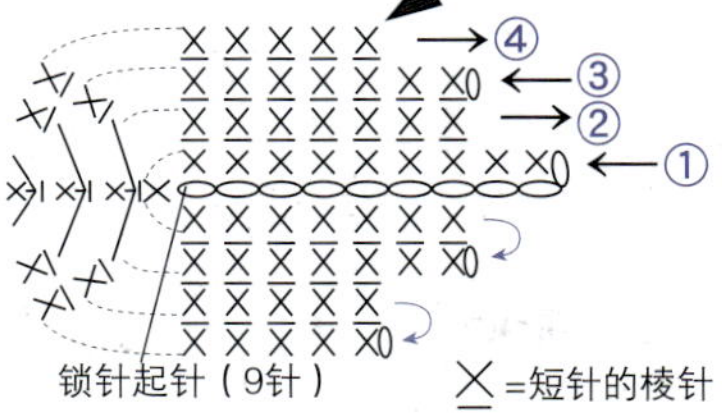


### 花 黄色

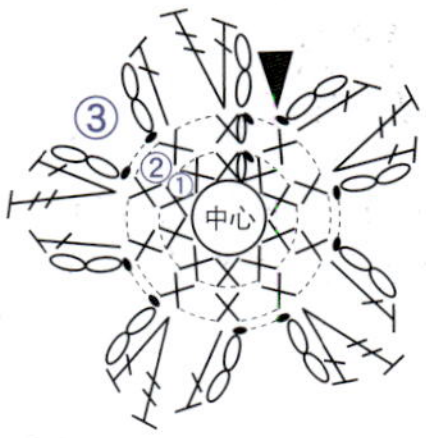


### 西瓜

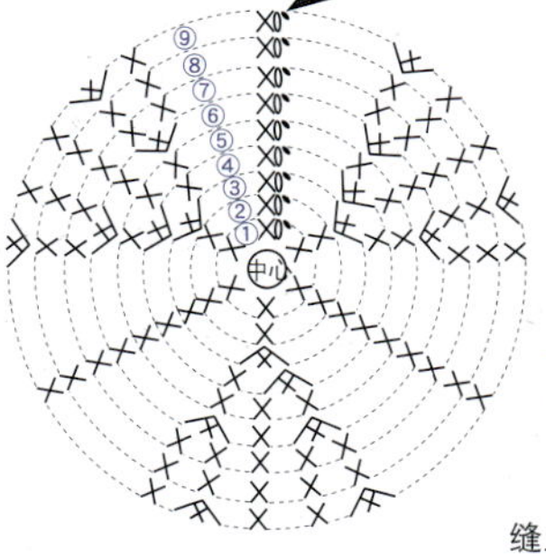


西瓜的针数和配色表

| 行数 | 针数 | 加减针 | 颜色 |
|---|---|---|---|
| 9 | 24 | +6 | 绿色 |
| 8 | 18 | | 黄色 |
| 7 | | | |
| 6 | 18 | +6 | 红色 |
| 5 | 12 | | |
| 4 | 12 | +3 | |
| 3 | 9 | +3 | |
| 2 | 6 | | |
| 1 | 6 | | |

### 拼接方法

※西瓜对折后下侧缝好
※将对应的各部分反面缝好固定，注意不要影响到正面效果

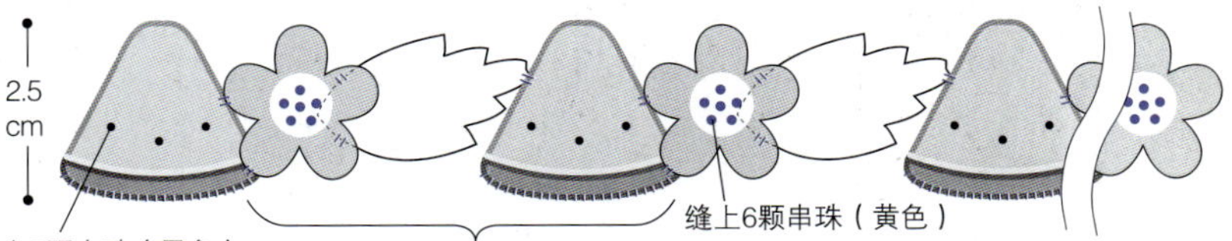


## 76

约 32cm（6 组花样）

作品详见P56

重点提示见P49

Emmygrande 红色…6g，绿色…3g
填充棉少许
钩针2/0号

### 与叶子的拼接方法 绿色

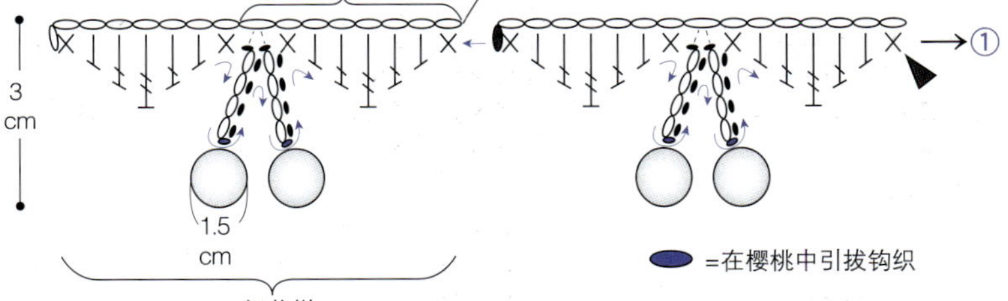


### 樱桃 2个1组 红色

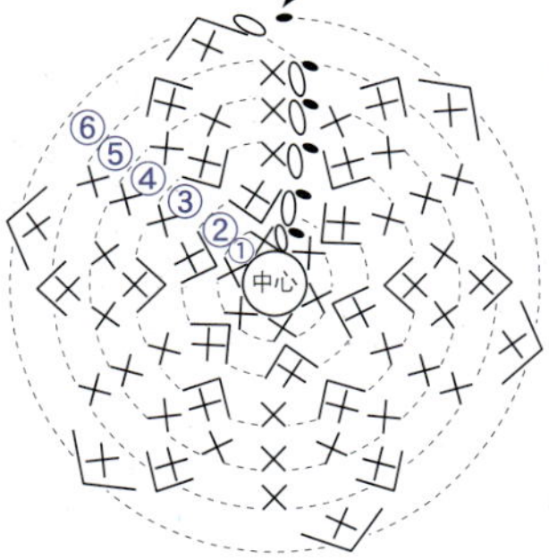


樱桃的针数表

| 行数 | 针数 | 加减针 |
|---|---|---|
| 6 | 6 | −6 |
| 5 | 12 | −6 |
| 4 | 18 | |
| 3 | 18 | +6 |
| 2 | 12 | +6 |
| 1 | 6 | |

### 樱桃的拼接方法

※ 塞入填充棉后将线头穿入最终行的6个针目中，拉紧

## 77

约 35cm（7 组花样）

作品详见P56

重点提示见P49

New 4PLY 橙色…14g，
黄色…4g，绿色…2g
直径25mm的泡沫球…6颗
钩针3/0号

### 橘子 2块1组 橙色

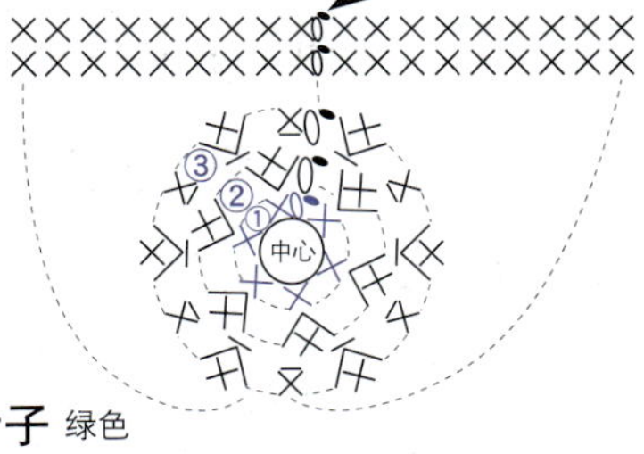


橘子的针数表

| 行数 | 针数 | 加减针 |
|---|---|---|
| 5 | 18 | |
| 4 | | |
| 3 | 18 | +6 |
| 2 | 12 | +6 |
| 1 | 6 | |

### 叶子 绿色

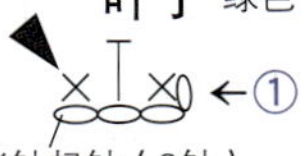


×=仅用绿色线钩织1块（拼接叶子的位置）
×=短针的条针

### 橘子切片 2块1组

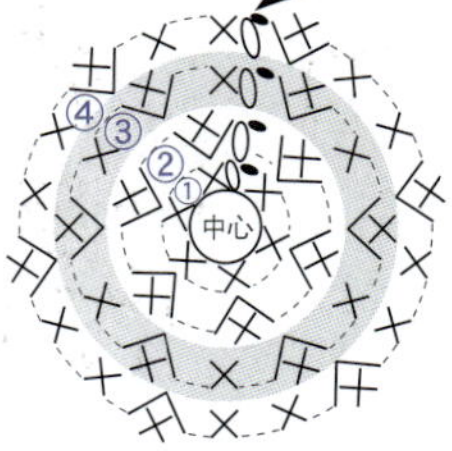


橘子切片的针数和配色表

| 行数 | 针数 | 加减针 | 颜色 |
|---|---|---|---|
| 4 | 24 | +6 | 橙色 |
| 3 | 18 | +6 | 黄色 |
| 2 | 12 | +6 | 橙色 |
| 1 | 6 | | |

### 橘子的拼接方法

1. 织片盖到球上，最终行与最终行相接合拢。

2. 周围卷针缝固定。

### 拼接方法

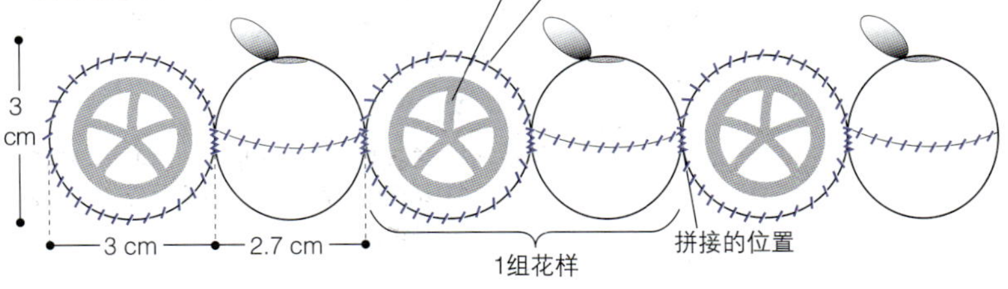

# 水果

75

76

77

西瓜

樱桃

橘子

钩织方法：P55　设计制作：藤田智子

## 水果

78

79

80

81

钩织方法：78、79、80见P58，81见P63　设计制作：藤田智子

# 78

约 30cm（8 个花样）

作品详见P57

Emmygrande 绿色…5g，黄色…2g

钩针2/0号

## 香蕉的把儿

绿色

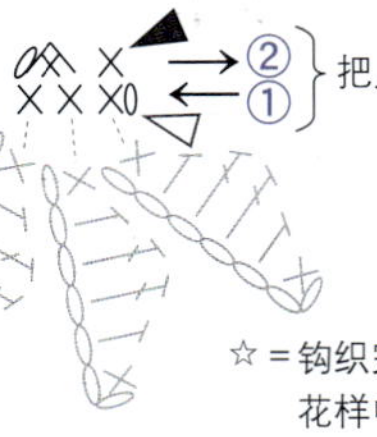


☆＝钩织完中心的短针后暂时取出钩针，插入相邻的花样中，引拔拉出针目后钩织短针

## 香蕉 黄色

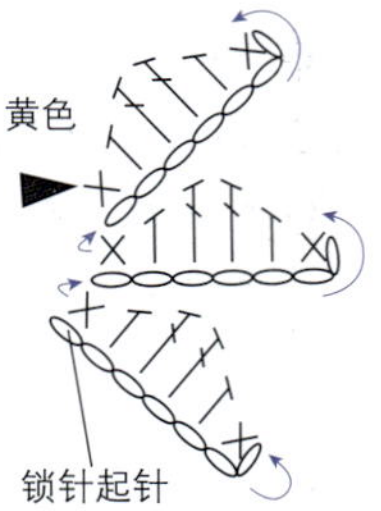


## 叶子 绿色

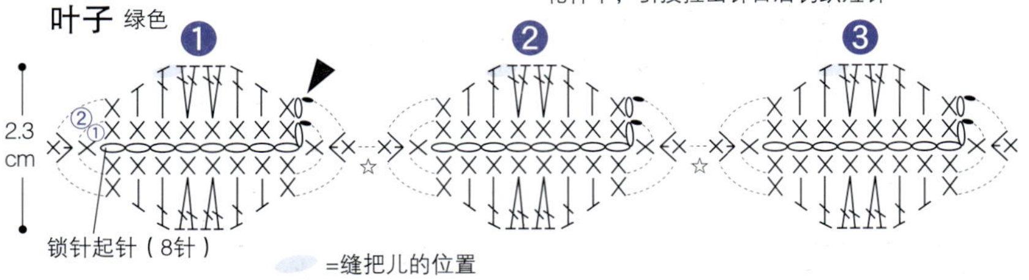


＝缝把儿的位置

# 79

约 34cm（8½ 组花样）

作品详见P57

重点提示见P49

Exceed Wool M（中细）

红色…12g，绿色…4g

马海毛　粉色…4g

浅黄色圆形小串珠…90颗

填充棉少许

钩针2/0号

## 草莓 红色

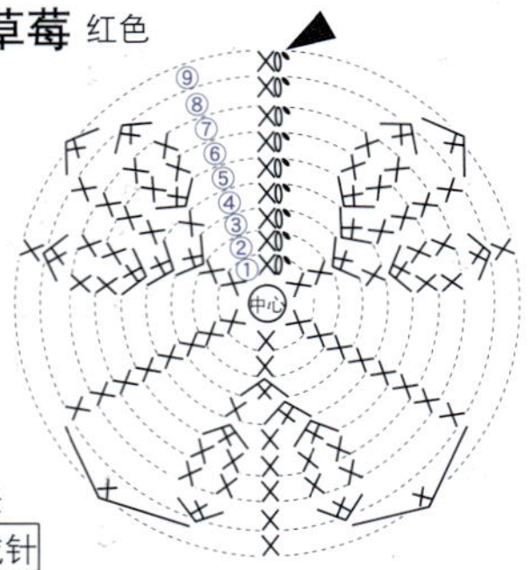


草莓的针数表

| 行数 | 针数 | 加减针 |
|---|---|---|
| 9 | 8 | －4 |
| 8 | 12 | －6 |
| 7 | 18 | |
| 6 | | |
| 5 | 18 | ＋6 |
| 4 | 12 | ＋3 |
| 3 | 9 | ＋3 |
| 2 | 6 | |
| 1 | 6 | |

## 叶子 绿色

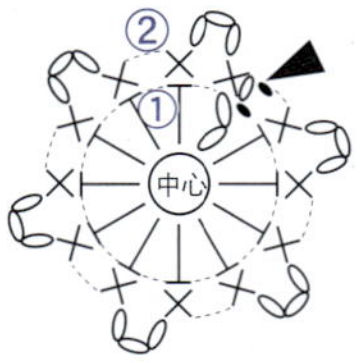


## 草莓切片

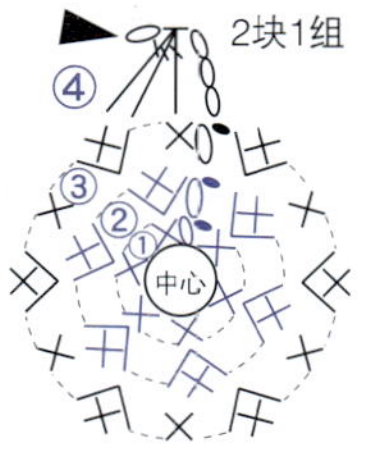


草莓切片的针数表

| 行数 | 针数 | 加减针 |
|---|---|---|
| 3 | 18 | ＋6 |
| 2 | 12 | ＋6 |
| 1 | 6 | |

——＝粉色

——＝红色

## 拼接方法

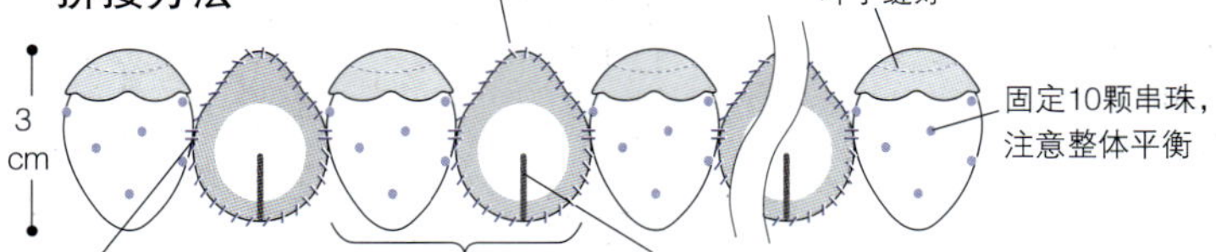


# 80

约 31cm（9 个花样）

作品详见P57

New 2PLY 红色…9g

New 3PLY 茶色…7g

New 4PLY 绿色…3g

填充棉少许

钩针3/0号

## 石榴

红色、茶色的2股线

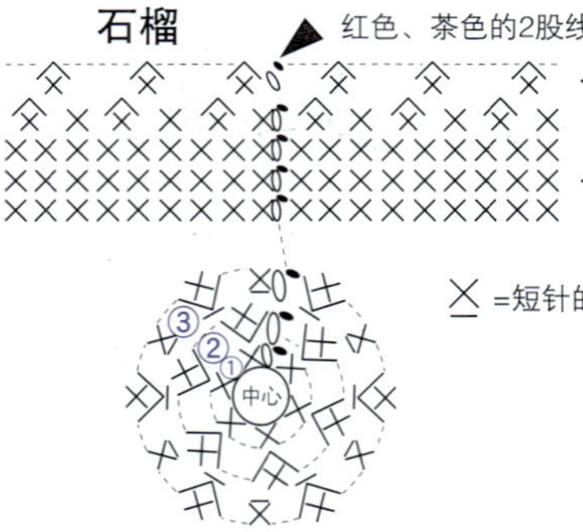


╳＝短针的条针

## 石榴皮

红色、茶色的2股线

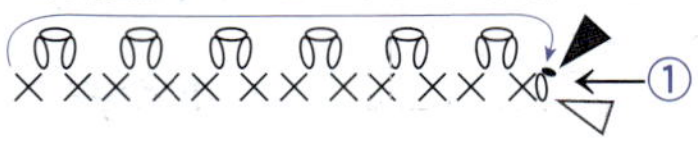


※第1行置于上方，然后在石榴第2行头针的剩余半针（12针）中钩织

## 石榴的拼接方法

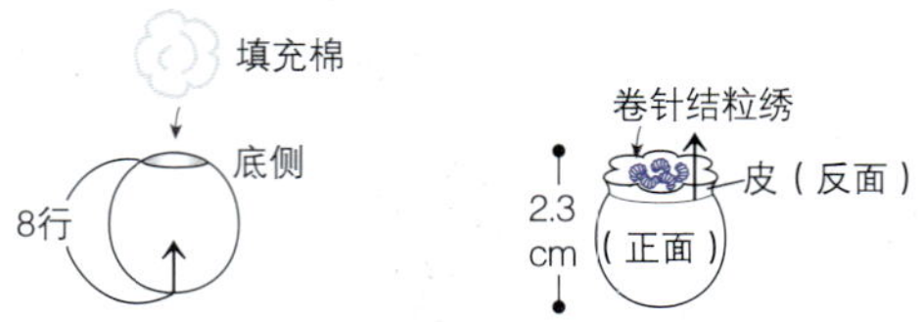


1. 塞入填充棉，线头从最终行的6个针目中穿过，拉紧。

2. 钩织完皮后，用红色2股线在5个地方绣出缠6圈的卷针结粒绣（参见左图）。

※叶子与叶子用引拔针拼接

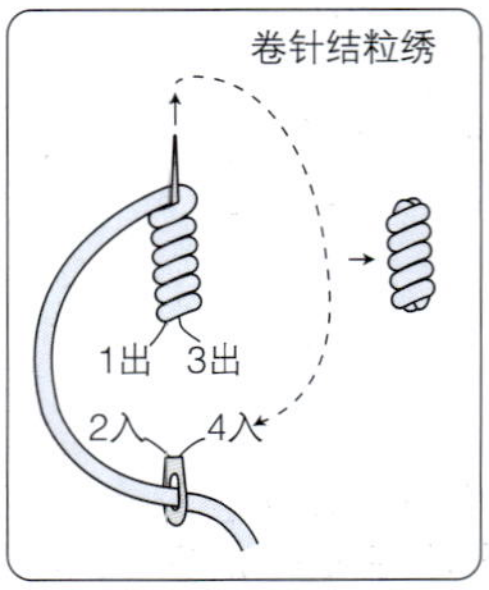


## 叶子的拼接方法

绿色

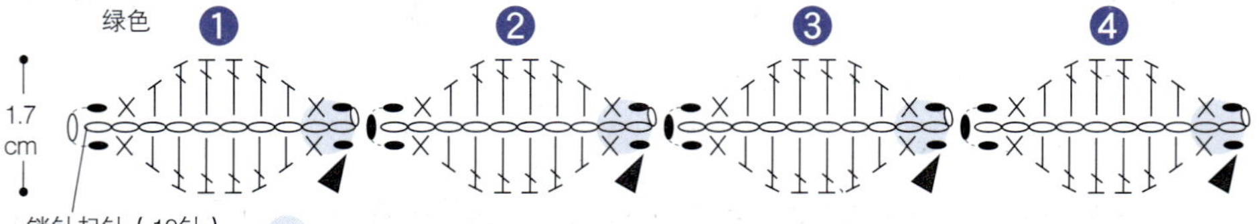


＝拼接石榴（底侧）的位置

※石榴底侧与叶子缝好

## 82

约33cm（10组花样）

作品详见P60

Yasai（中细）本白色、茶色…各2g，
绿色…1g
钩针3/0号

牛蒡圆片
茶色

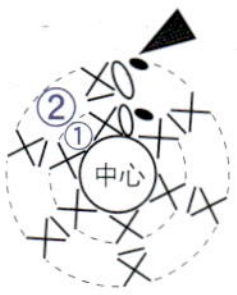


萝卜 本白色

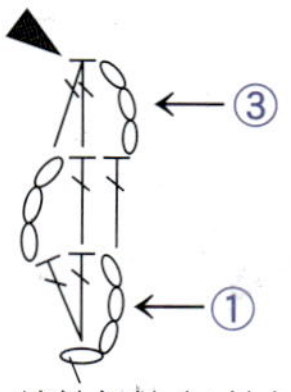


萝卜的叶子

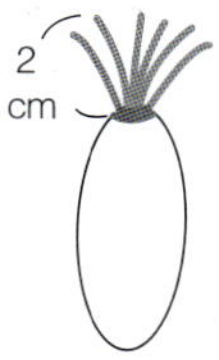


※ 3根绿色的线对折后穿入萝卜最终行的针目中，顶端藏好固定（参照P51作品70流苏的拼接方法）

拼接方法

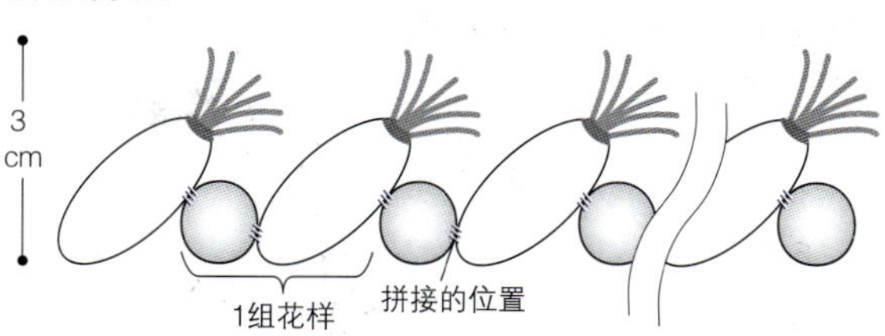


X =短针的条针

## 83

约34cm（15个花样）

作品详见P60

Emmygrande（Herbs）
红色…8g，茶色…1g
Emmygrande（Colors）
绿色…1g
钩针2/0号

苹果的针数表

| 行数 | 针数 | 加减针 |
|---|---|---|
| 5 | 18 | |
| 4 | | |
| 3 | 18 | +6 |
| 2 | 12 | +6 |
| 1 | 6 | |

苹果
红色

蒂 茶色

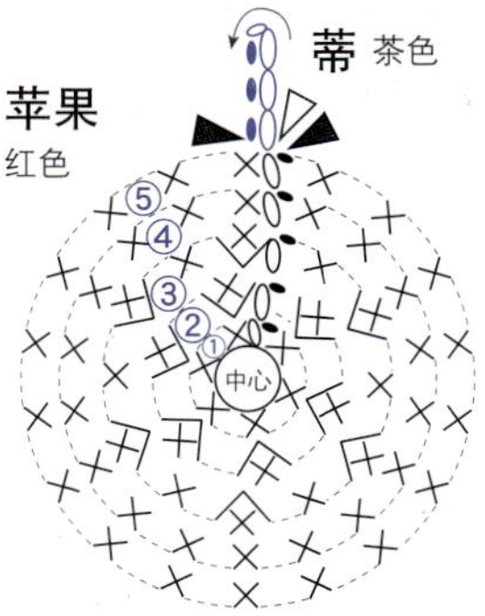


叶子 绿色

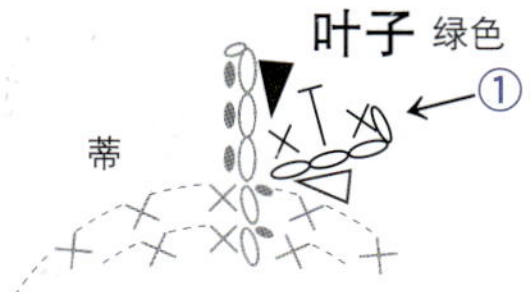


拼接方法 ※苹果均为半球形（中空）

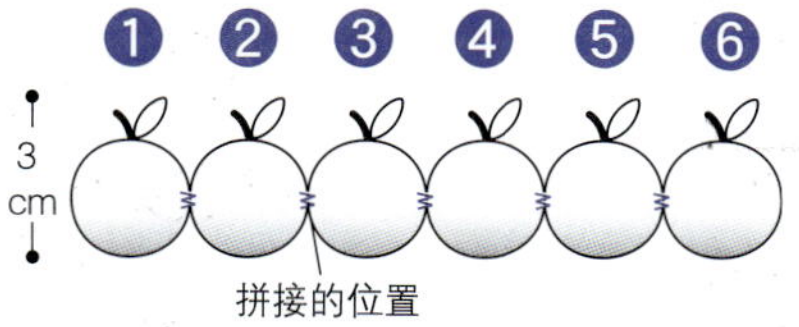


## 84

约30cm（5½组花样）

作品详见P60

Emmygrande（Herbs）茶色…4g，白色…3g，米褐色…2g
钩针2/0号

大蘑菇（内侧）

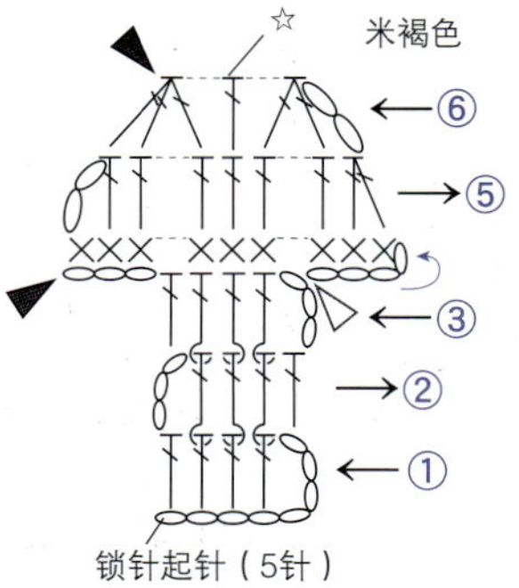


大蘑菇（正面）

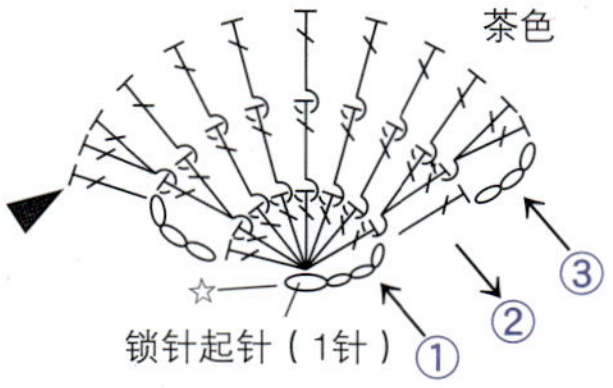


=长针的正拉针

=长针的反拉针

=长针2针的正拉针

小蘑菇的拼接方法

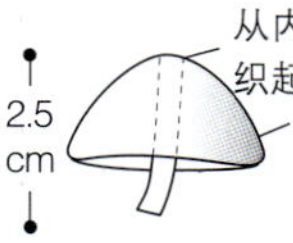


小蘑菇（蘑菇伞） 白色

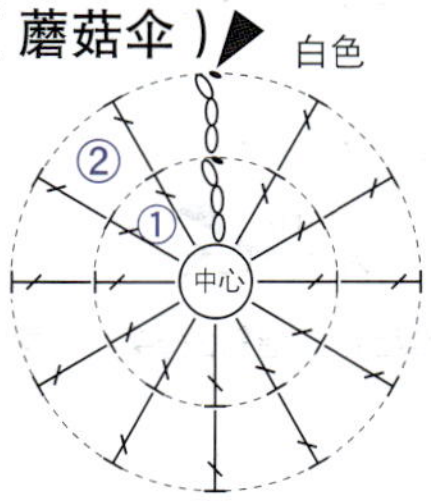


小蘑菇（柄） 本白色

拼接方法

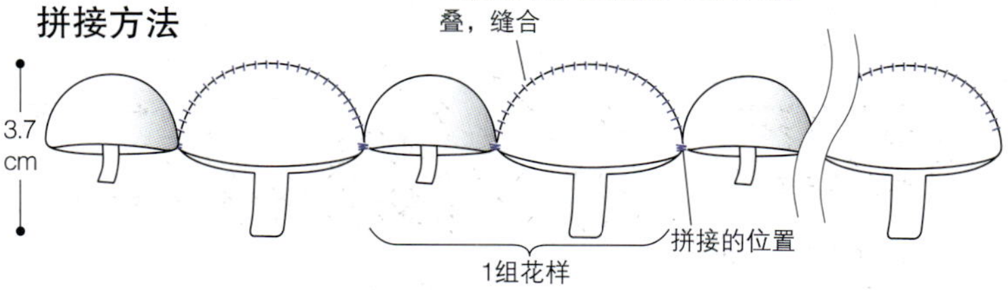


## 85

约31cm（9个花样）

作品详见P60

Exceed Wool FL（普通粗）
深绿色…4g
Charkha 浅绿色…1g
钩针4/0号

A 深绿色

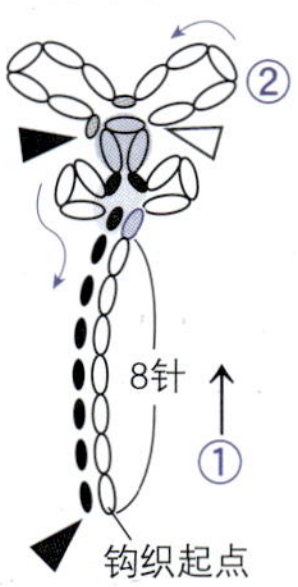


=钩织 时将线圈成束挑起后再引拔钩织

=在此针中引拔钩织

※ 先用深绿色线钩织必要块数的A，然后再用浅绿色线一边钩织B的部分，一边将花样与花样拼接

拼接方法 浅绿色

用浅绿色线在配件A上钩织第3行

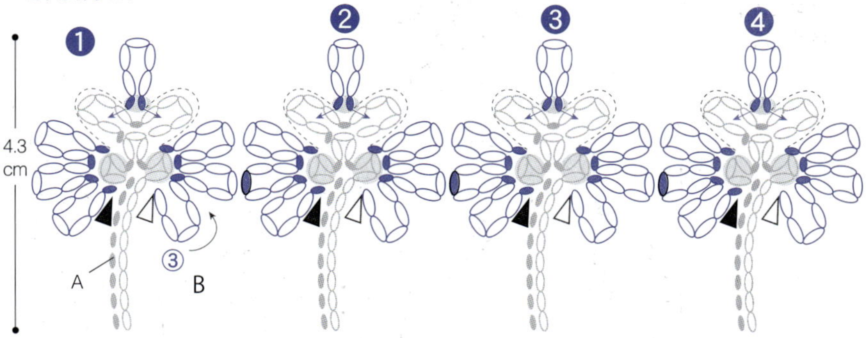


=将相邻花样成束挑起后引拔钩织此针连接

= 将线圈成束挑起后钩织引拔针

=按照箭头所示将线圈成束挑起后钩织引拔针

## 蔬菜水果

82

83

84

85

萝卜&牛蒡圆片

苹果

蘑菇

荷兰芹

钩织方法：P59 设计制作：河合真弓

辣椒

白菜

柠檬&茶杯

水萝卜

钩织方法：P62　设计制作：河合真弓

# 86

约30cm（7组花样）

作品详见P61

Arabis 红色、黄绿色…各2g

钩针3/0号

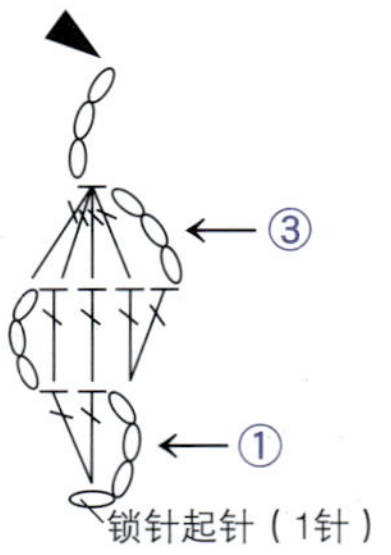

※ 第1~3行两端如图相接，
卷针缝（反面当作正面）

### 拼接方法

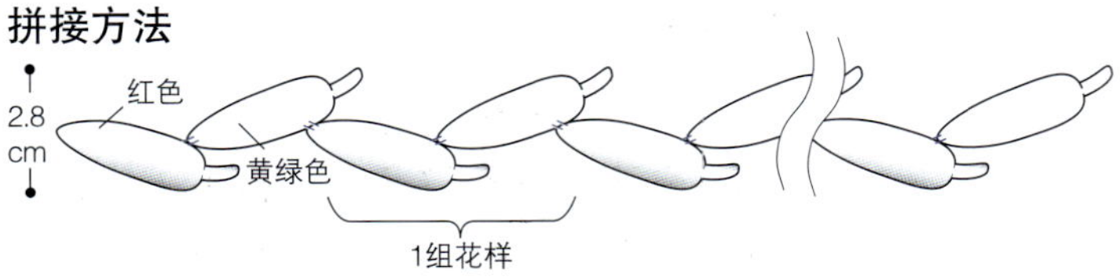


※起针与第3行拼接缝好

# 87

约30cm（11组花样）

作品详见P61

Arabis 本白色…4g，
黄绿色…2g

钩针2/0号

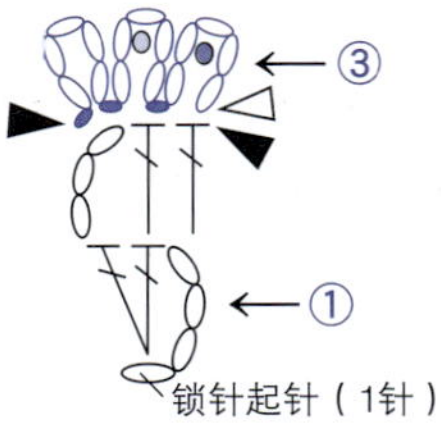


——— =本白色

——— =黄绿色

※2块1组

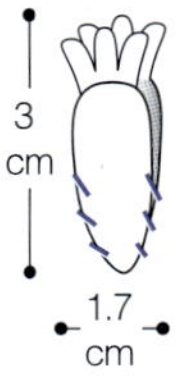


※ 正面朝外两块重叠，第1行的两
端缝好固定

### 拼接方法

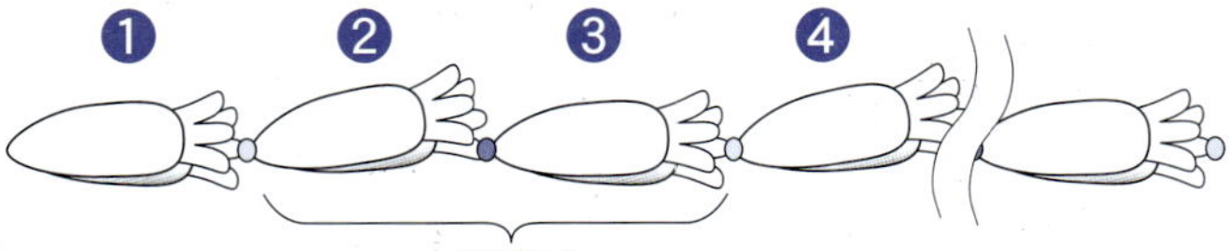


○与●=第1行与第3行拼接缝好

# 88

约31.5cm（5½组花样）

作品详见P61

Emmygrande 本白色…3g，
蓝色…1g，黄色…1g

蕾丝针0号

### 杯子

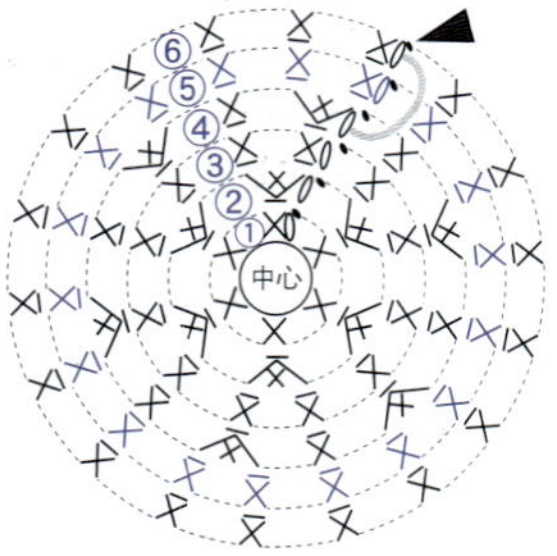


× =本白色

× =蓝色

═ =拼接杯把的位置

× =短针的条针

杯子的针数表

| 行数 | 针数 | 加减针 |
|---|---|---|
| 6 | 18 | |
| 5 | | |
| 4 | 18 | +6 |
| 3 | 12 | |
| 2 | 12 | +6 |
| 1 | 6 | |

### 杯把 蓝色

锁针起针（6针）

※ 从杯子的第4行穿引到
第6行进行拼接

### 柠檬

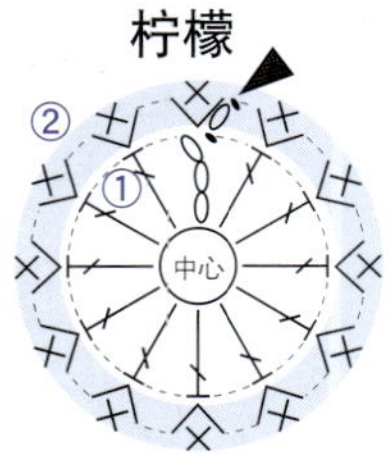


——— =本白色

▭ =黄色

### 拼接方法

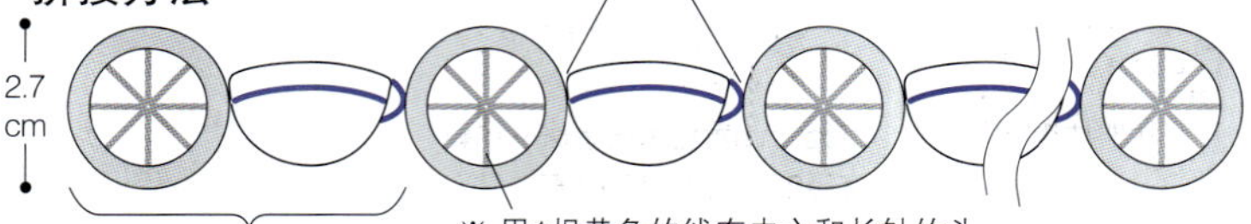


※ 用1根黄色的线在中心和长针的头
针处绣出直线绣（参见P39）

# 89

约30cm（6个花样）

作品详见P61

Emmygrande 红色…3g，
深绿色…2g

蕾丝针0号

### 水萝卜A 红色

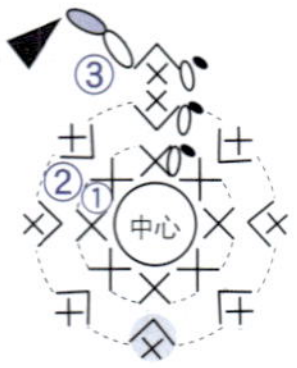


⬭=在此针中引拔钩织拼接叶子

● =在此针中钩织叶子

### 叶子 深绿色

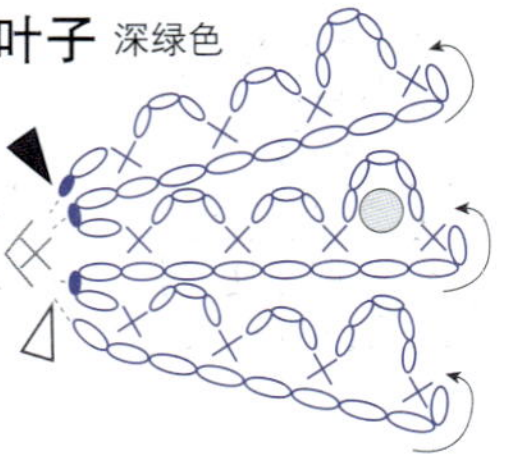

○ = 此部分的网状钩织的5针成
束挑起，作为拼接位置

### 拼接方法

※B放到A上，缝好固定

### 水萝卜B

红色

# 73

约30cm（7个花样）

作品详见P53

New 3PLY 米褐色…14g
毛毡　茶色…少许
黏合剂
蕾丝针2号

**胸鳍** 2个地方

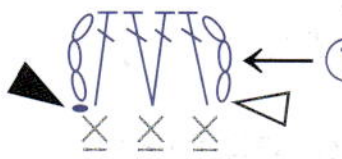


※ 尾巴朝下，在主体第5行条针剩余的半针中钩织，放平后反面当作正面

=将外侧的半针挑起后钩织

=中长针3针的枣形针

=将中长针3针的枣形针成束挑起

=钩织完长针后，在同一针目中钩织长针的正拉针

**主体**

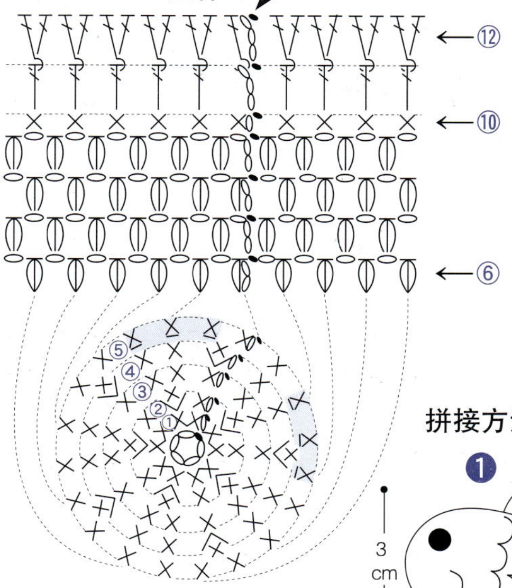


**背鳍**

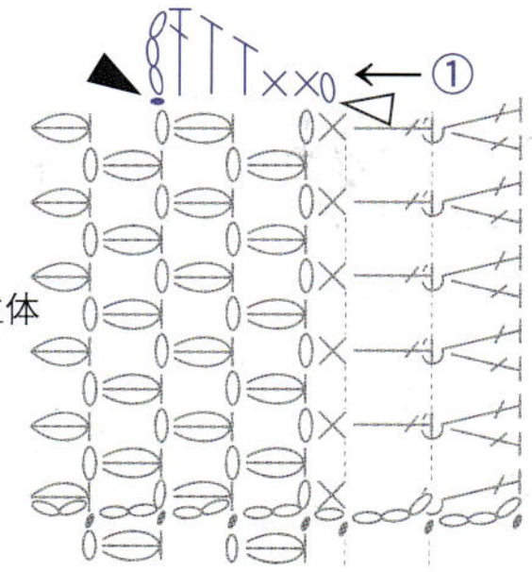


主体的针数表

| 行数 | 针数 | 加减针 |
|---|---|---|
| 12 | 20 | ＋10 |
| 11 | 10 | |
| 10 | 10 | －10 |
| 9<br>∫<br>5 | 20 | |
| 4 | 20 | ＋5 |
| 3 | 15 | |
| 2 | 15 | ＋5 |
| 1 | 10 | |

=钩织胸鳍的位置

**拼接方法**

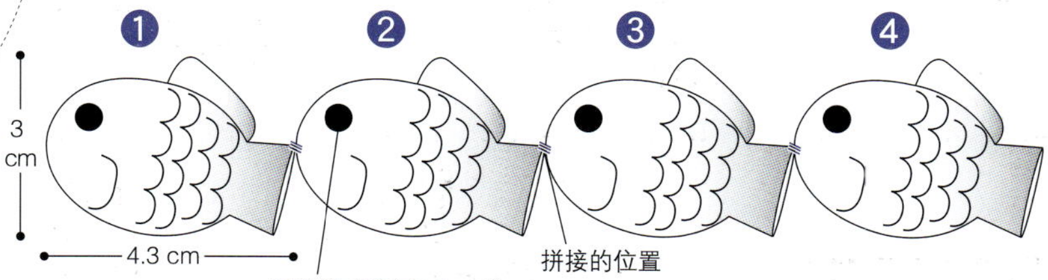


# 81

约33cm（8½组花样）

作品详见P57

Exceed Wool FL 黄绿色…14g
Threeply 米褐色…4g
直径6mm黄色木质串珠…16颗
直径25mm泡沫球…9颗
钩针2/0号、5/0号

**甜瓜**

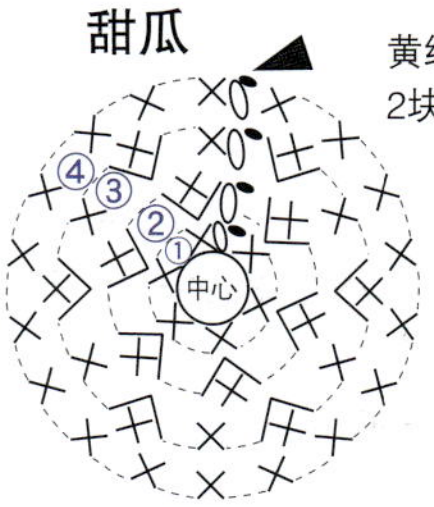


黄绿色 5/0号钩针
2块1组

甜瓜的针数表

| 行数 | 针数 | 加减针 |
|---|---|---|
| 4 | 18 | |
| 3 | 18 | ＋6 |
| 2 | 12 | ＋6 |
| 1 | 6 | |

**瓜蔓** 米褐色 2股线 2/0号钩针

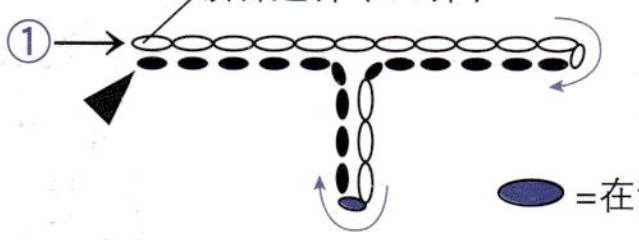


=在甜瓜中引拔钩织

**甜瓜的拼接方法**

1. 钩织甜瓜。

2. 用织片盖住球，最终行与最终行相接。

3. 卷针缝。

4. 用1根米褐色线在整个表面绣出直线绣（参见P39）。

**拼接方法**

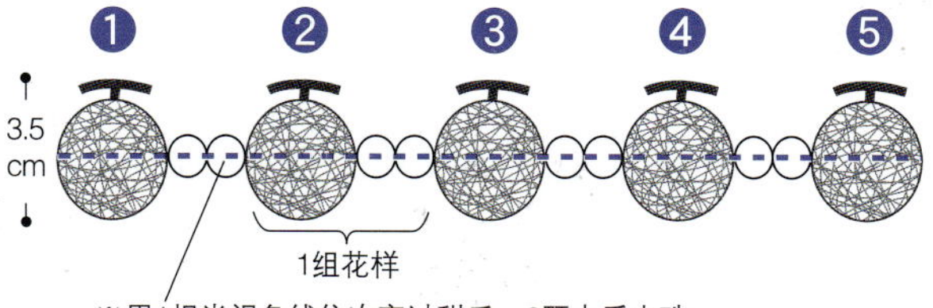


※用1根米褐色线依次穿过甜瓜、2颗木质串珠

# PART IV

# 圣诞节

圣诞树、圣诞花环、圣诞礼物，再加入一些手工制作的可爱饰品吧，让圣诞的气氛更加浓烈！

90

91

92

钩织方法：90、91见P66，92见P67　设计：OKA MARIKO/制作：OKA MARIKO　Oumiyoshie

## 重点提示 100

作品详见P69

- 礼物盒（大）丝带的钩织方法（在织片中引拔钩织的方法）

1 用钩织丝带的线织入4针锁针，然后将钩针插入礼物盒的织片中。

2 针上挂线后引拔钩织。

3 再将钩针插入下一针目中，在织片的后方挂线后引拔钩织。

4 按照同样的方法在织片的指定针目中引拔钩织，再织4针锁针，然后剪断线。

5 另1根丝带也按同样的方法钩织。

6 分别将丝带的顶端折到反面，处理线头，注意不要影响到正面的效果，完成。

## 重点提示

〈共通的基础〉

- 从中心钩织圆环的起针（用线头制作圆环）

1 线在左手食指上缠两圈后取下，再将钩针插入圆环中，挂线后引拔抽出。抽出后如左下角图所示。

2 再次在针上挂线，引拔钩织1针立起的锁针。

3 将钩针插入圆环中钩织第1行的短针。

4 钩织完必要针数的短针后暂时取出针，稍稍拉动线头。拉线头时先拉动小圆环（★），再拉动另一个圆环。

5 再次拉动线头，缩紧中心的圆环。

6 钩针插回针目中，然后将钩针插入第1针短针的头针中，引拔钩织第1行最后的针目。

# 90

约31.5cm（4½ 组花样）

作品详见P64

Cotton Kona Fine 本白色…3g，
红色…4g，绿色…1g
填充棉少许
钩针2/0号

## 钩织顺序

1. 按照图示方法用配线钩织1块（A）圣诞老人的身体（9行），用红色线钩织1块（B）。
2. 身体A与B正面朝外合拢重叠，塞入填充棉，同时钩织花边拼接。

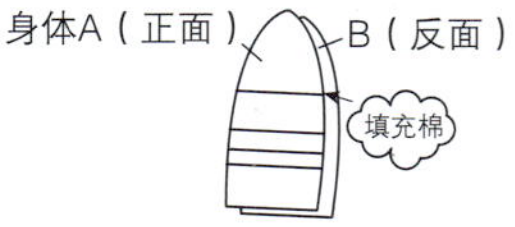


3. 钩织胡须，拼接到身体A的脸部（本白色部分）。再在指定位置刺绣眼睛。
4. 重复步骤1~3，钩织必要块数的圣诞老人。
5. 钩织口袋，一边钩织花边，一边拼接圣诞老人。

## 圣诞老人

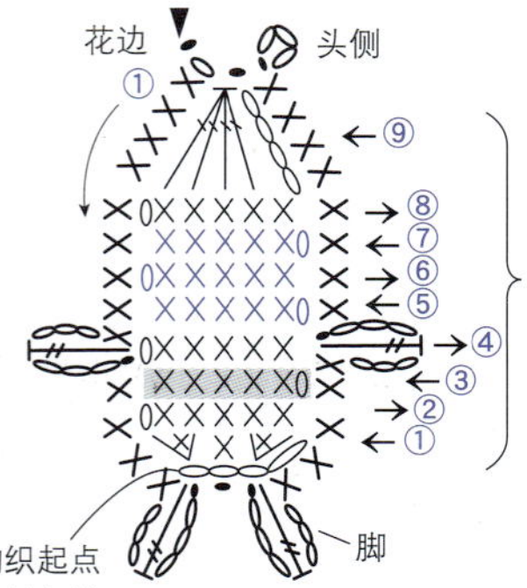


※身体B的第1~9行用红线编织

—=红色
▒=绿色
—=本白色

## 胡须 本白色

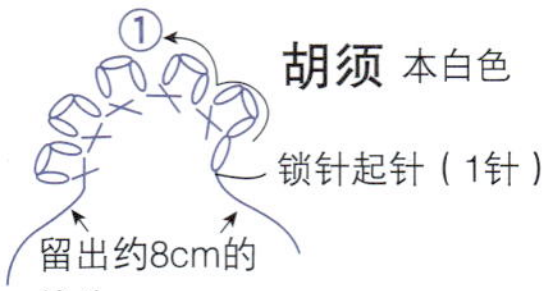


## 胡须的拼接方法・刺绣眼睛的位置

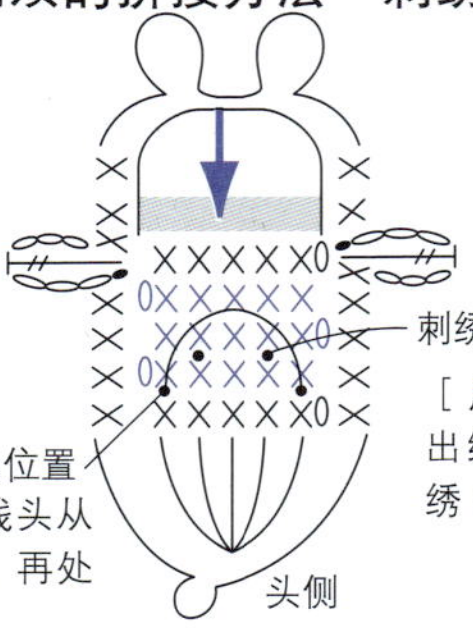


## 带子的钩织方法和拼接方法

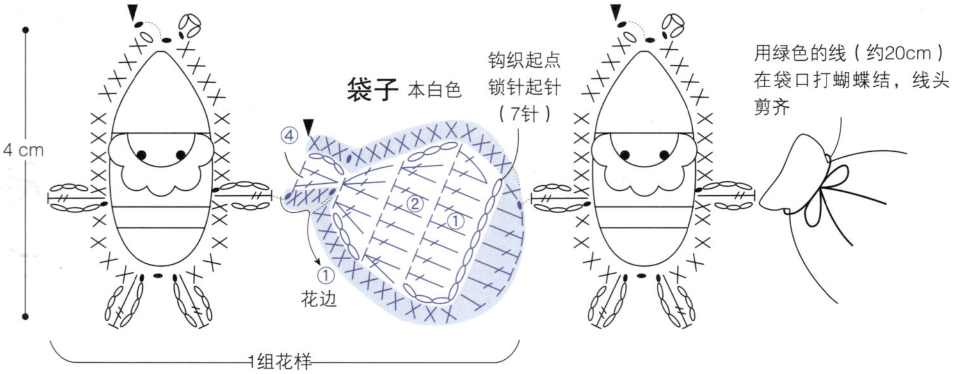


# 91

约35cm（4组花样）

作品详见P64

Exceed Wool FL（中细）浅茶色…2g，
白色…2g，红色…1g
钩针3/0号

## 钩织顺序

1. 分别钩织必要块数的驯鹿和雪橇。
2. 钩织驯鹿项圈与雪橇之间的绳子，同时交替配置驯鹿与雪橇并相互连接。

## 驯鹿

}=浅茶色
—=白色

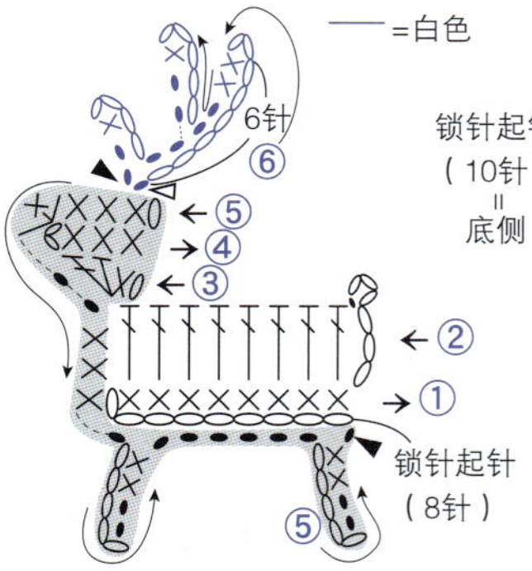


## 雪橇 红色

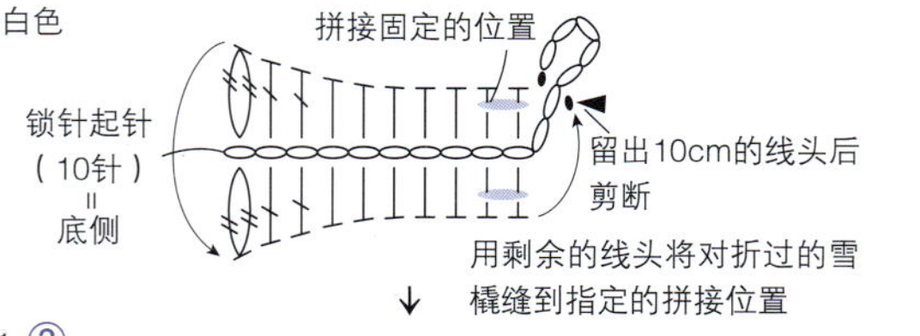


用剩余的线头将对折过的雪橇缝到指定的拼接位置

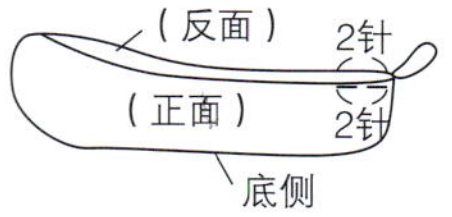


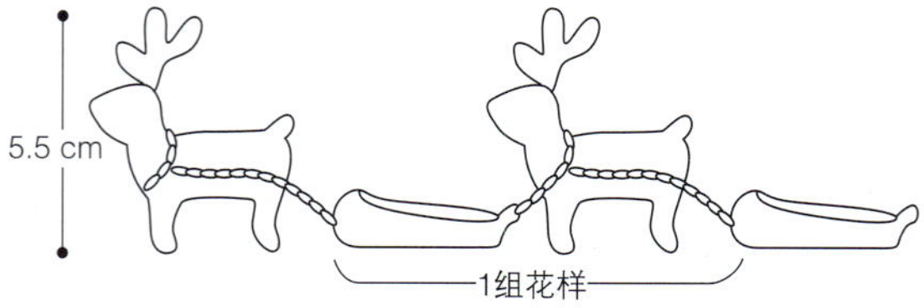


## 驯鹿与雪橇的拼接方法

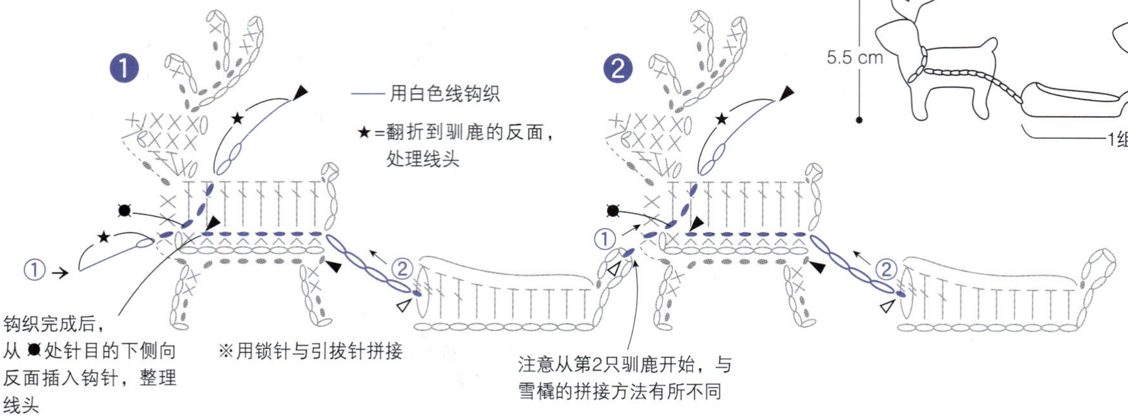

## 92

约 33cm（5½ 组花样）

作品详见P64

Exceed Wool FL（普通粗）红色…2g，绿色…6g

钩针5/0号

### 钩织顺序

1. 钩织必要数量的蝴蝶结。
2. 一边钩织花环一边用引拔针与相邻的蝴蝶结拼接。
3. 蝴蝶结穿入花环中，打结。

**蝴蝶结** 红色

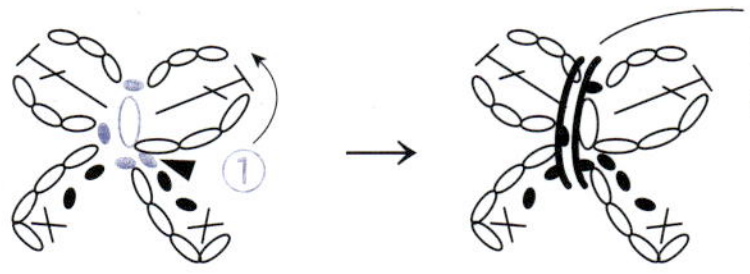


⬭=在此针中织入4针引拔针（●）

**花环线的穿法**

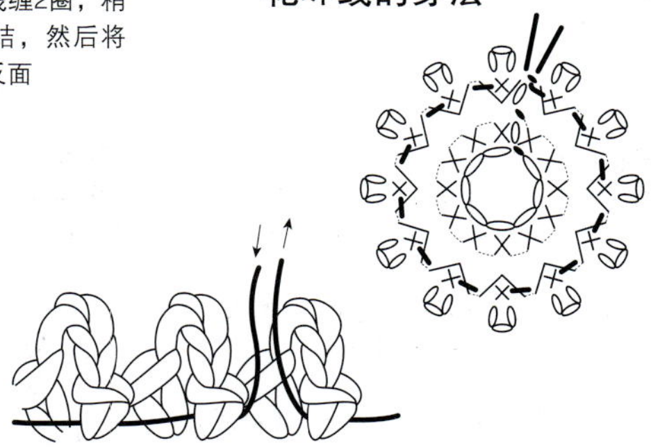


### 花环的钩织方法和拼接方法

**花环** 绿色

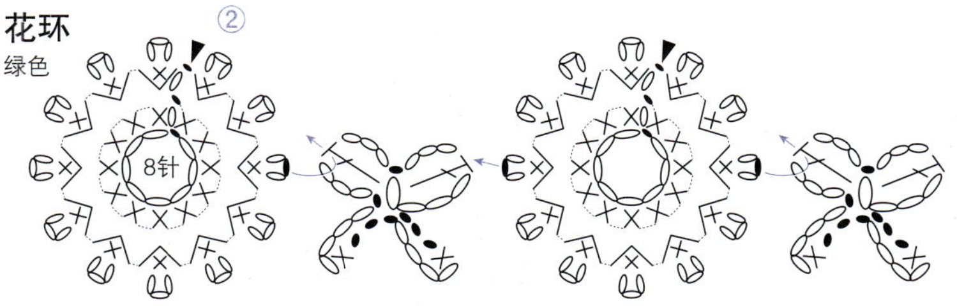


=在上一行的1针中钩织

=按照箭头所示将钩针插入蝴蝶结中，钩织引拔针

←=钩针插入蝴蝶结的长针中，钩织引拔针

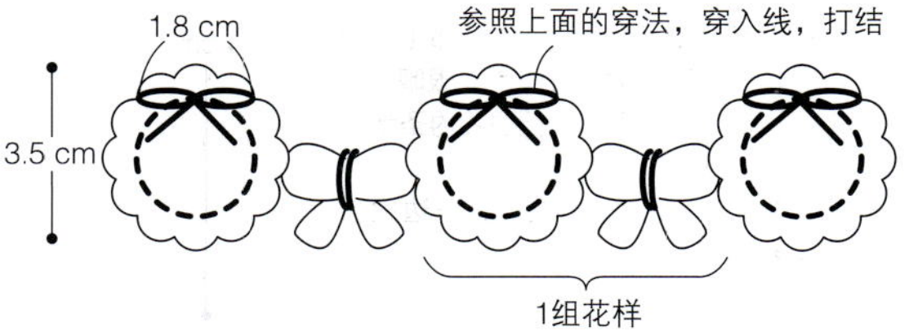


## 93

约 33.5cm（6½ 组花样）

作品详见P68

TiTi Crochet 本白色…7g，红色…4g

Emperor 金色…少许

填充棉少许

钩针2/0号

### 钩织顺序

1. 钩织必要数量的天使和心形。
2. 天使重叠到心形上，交替配置后轻轻疏缝固定。
3. 心形与天使重叠的位置用红色的半份拆分线（参见P43）缝好，注意不要影响到正面效果。
4. 用锁针钩织天使的光环，放到头上后从反面缝好。

**心形** 红色

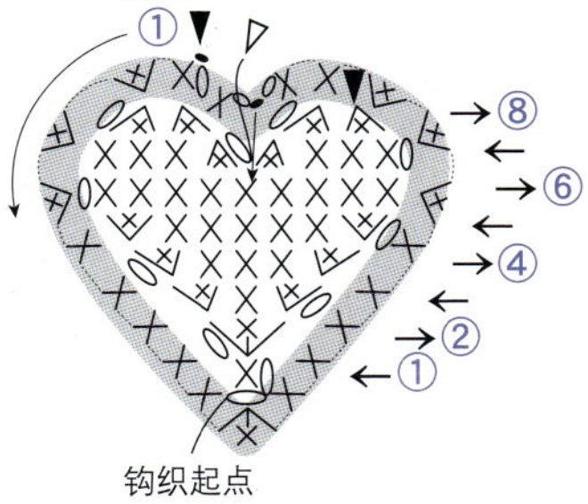


**天使光环** 金色

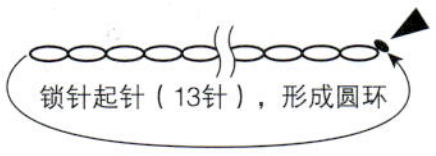


### 天使的钩织方法和拼接方法

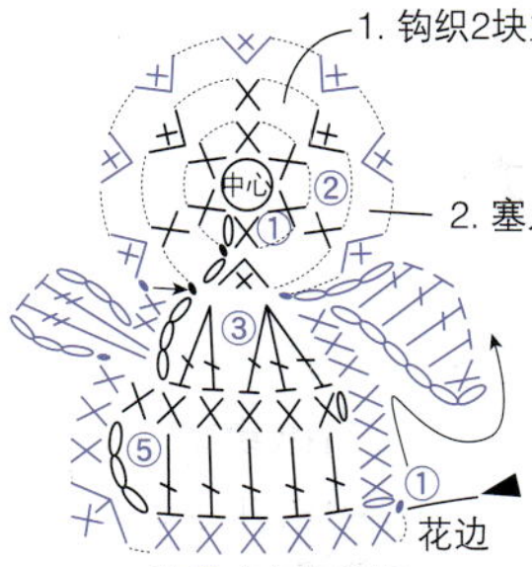

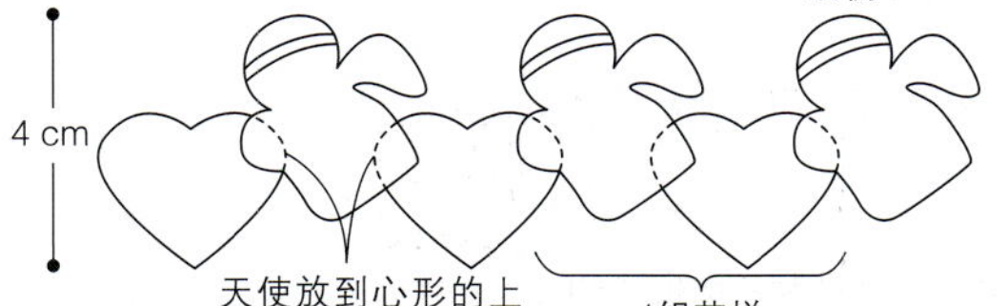

## 圣诞节

93

94

95

96

天使&心形

刺叶桂花

圣诞树&星星

松果

钩织方法：93见P67，94、95见P70，96见P71 设计：OKA MARIKO/制作：OKA MARIKO Oumiyoshie

钩织方法：97见P71，98、99、100见P74　设计：OKA MARIKO/制作：OKA MARIKO　Oumiyoshie

# 圣诞节

97

98

99

100

# 94

约 33.5cm（5 组花样）
作品详见P68

Emmygrande 绿色…2g
Emmygrande（Colors）红色…2g
钩针2/0号

**果实** 红色 2个1组

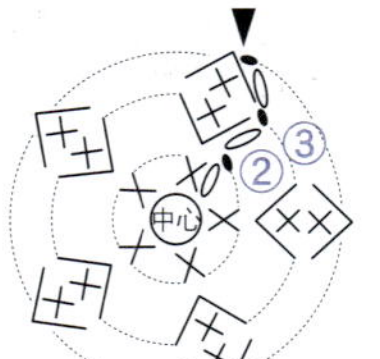


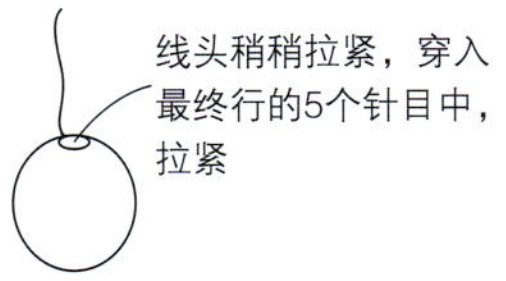


**拼接方法**

**叶子的钩织方法与拼接方法** 绿色

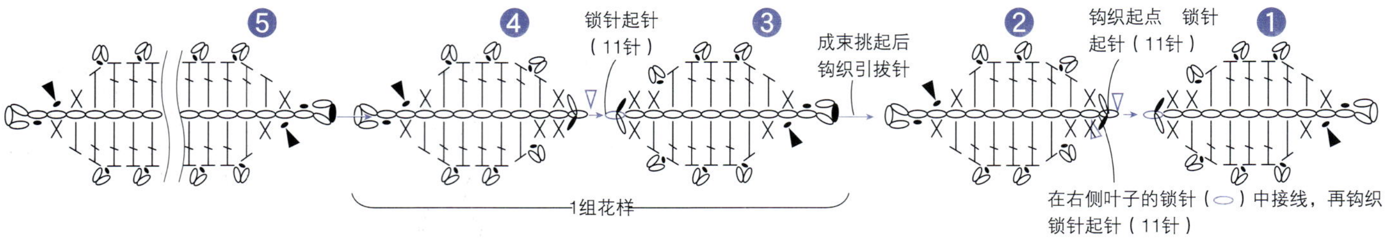


# 95

约 33cm（3¼ 组花样）
作品详见P68

Emmygrande 绿色…3g
Emmygrand（Herbs）红色…2g
Emmygrande（Colors）芥末色…2g
填充棉少许
钩针2/0号

**圣诞树的钩织方法（A、B共通）**

1. 钩织锁针（7针），再按照图示方法钩织第1~4行。如此钩织两块圣诞树。
2. 步骤1钩织完成的树正面朝外相对合拢重叠，塞入填充棉的同时钩织边缘缝合。
3. 换上不同颜色的线钩织树干。
4. 按照步骤1~3，用同样的要领钩织颜色不同的圣诞树A、B。

**圣诞树**

A = { 第1~5行…绿色树干…红色
B = { 第1~5行…红色树干…绿色

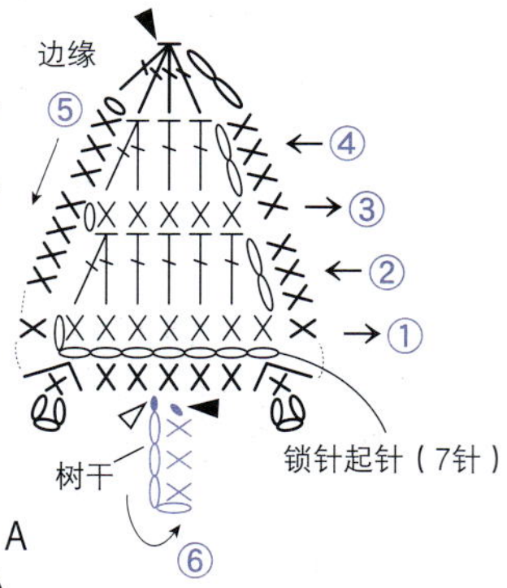


**拼接方法** ※一边钩织星星一边交替配置圣诞树A、B

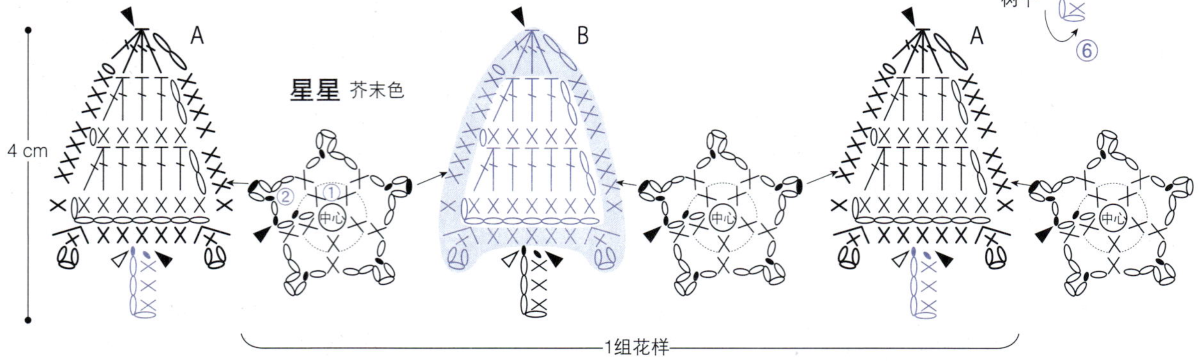

# 96

约 31.5cm（6 个花样）

作品详见P68

Emmygrande 绿色…1g，茶色…8g
Lame 25g 金色…少许
填充棉少许
钩针2/0号

## 枝与柄

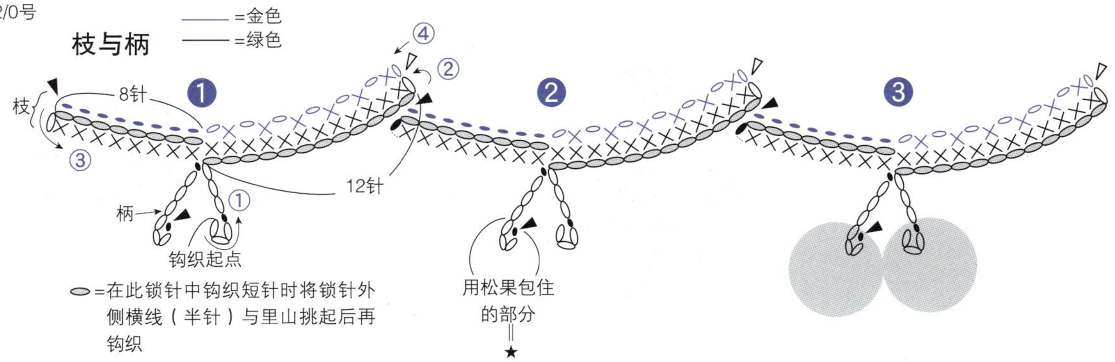


**松果** 2个1组 茶色

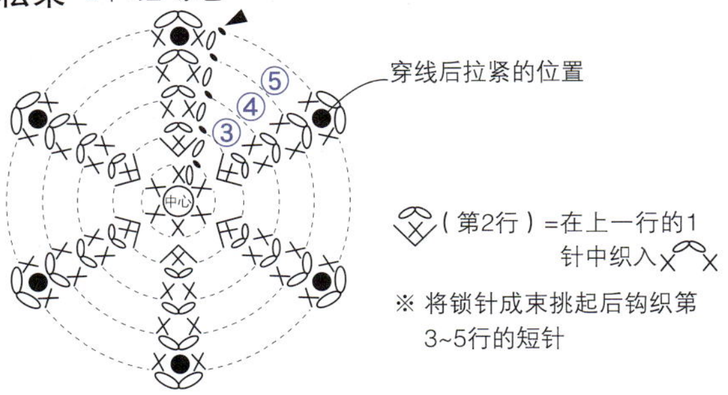


## 松果的拼接方法

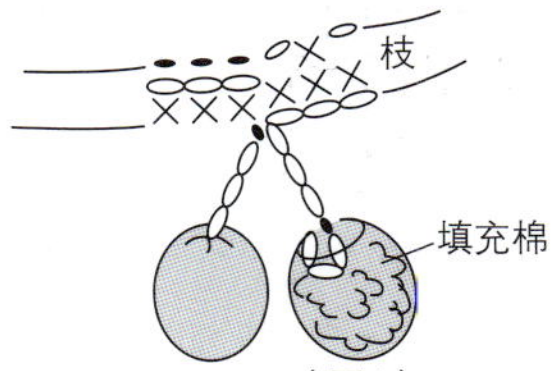


（图1）

1. 钩织完松果后将填充棉和柄的★部分塞入其中（参见图1）。
2. 用缝衣针将线头穿入最终行的6个地方（●印记处）拉紧，再轻轻缝上柄。

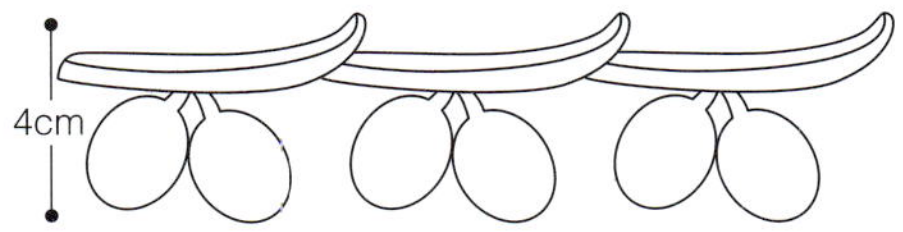


# 97

约 30cm（4 组花样）

作品详见P69

Emmygrande 红色…1g
Emmygrande（Colors）绿色…2g
Renaissance Lame（银色）…1g
填充棉少许
钩针2/0号

## 钩织方法

1. 钩织花样A、B时，先分别用短针钩织两块中央的横条花纹织片。
2. 然后分别将两块正面朝外合拢，按照图示方法一边钩织花边，一边塞入填充棉。
3. 用锁针交替连接花样A和B，再在上部的短针中织入引拔针。

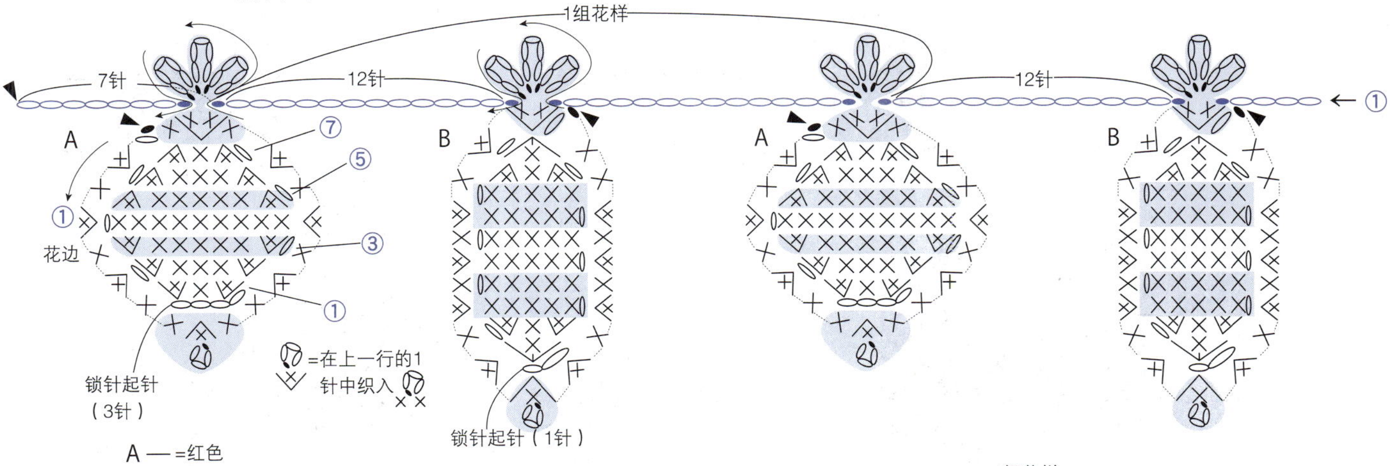


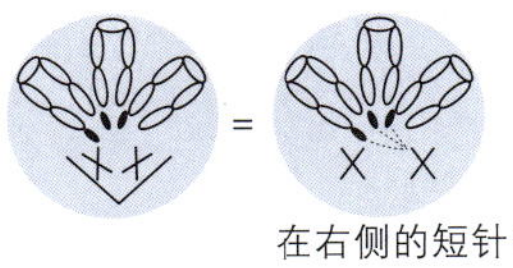


B —=绿色
=银色

在右侧的短针中织入3针引拔针

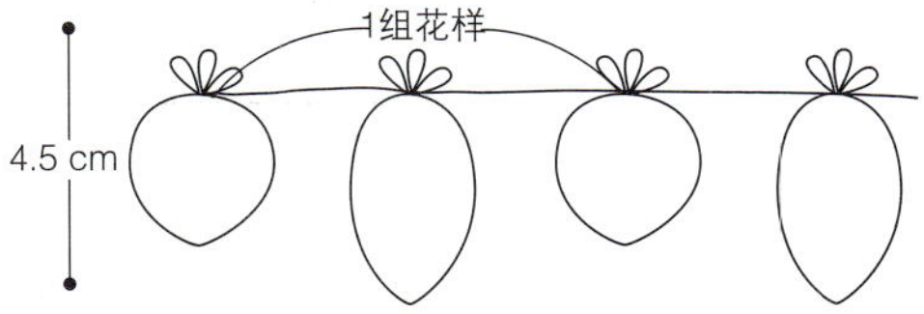

# MATERIAL GUIDE
# 本书用线的介绍

（实物照片）

※1~34从左开始均为：线名称→材质→规格→线长→色数→适合针。

●1…Emmygrande/棉100% 每卷50g 约218m 45色

每卷100g 约436m 3色 蕾丝针0号~钩针2/0号

Emmygrande（Lame）/棉96% 聚酯纤维4% 每卷25g 约106m 8色 蕾丝针0号~钩针2/0号

Emmygrande（Herbs）/棉100% 每卷20g 约88m 18色 蕾丝针0号~钩针2/0号

Emmygrande（Colors）/棉100% 每卷10g 约44m 22色 蕾丝针0号~钩针2/0号

●2…Le Petit Marche 亚麻&棉/麻（亚麻）50% 棉50% 每卷25g 约122m 8色 蕾丝针0号~钩针2/0号

●3…Berger/棉88% 绢10% 聚酯纤维2% 每卷30g 约93m 10色 钩针4/0号~5/0号

●4…Lame25g/人造纤维66% 聚酯纤维34% 每卷25g 约305m 7色

●5…Renaissance Lame/人造纤维64% 聚酯纤维36% 每卷25g 约160m 3色 钩针4/0号~5/0号

★6…TiTi Crochet/棉100%（使用埃及棉）每卷40g 约170m 25色 钩针2/0号~3/0号

★7…Wash Cotton（Crochet）/棉64% 聚酯纤维36% 每卷25g 约104m 22色 钩针3/0号

★8…Span Glass/聚酯纤维77% 棉23% 每卷25g 约137m 13色 钩针3/0号

★9…Paume Crochet（草木染）/棉100%（纯有机棉）每卷25g 约107m 6色 钩针3/0号

★10…Wash Cotton/棉64% 聚酯纤维36% 每卷40g 约102m 22色 钩针4/0号

★11…Sarie/人造纤维58% 棉42% 每卷25g 约120m 8色 钩针4/0号

★12…Charkha/棉100% 每卷40g 约120m 12色 钩针5/0号

★13…Emperor/人造纤维100% 每卷25g 约170m 9色 蕾丝针0号

★14…Threeply/腈纶65% 羊毛35%（美利奴羊毛）每卷25g 约210m 16色 钩针2/0号

★15…纯毛中细/羊毛100% 每卷40g 约160m 32色 钩针3/0号

★16…Yasai（中细）/羊毛100%（美利奴羊毛）每卷40g 约146m 7色 钩针3/0号~4/0号

★17…Exceed Wool M（中细）/羊毛100%（超细美利奴羊毛）每卷40g 约160m 30色 钩针3/0号

★18…Exceed Wool FL（普通粗）/羊毛100%（超细美利奴羊毛）每卷40g 约120m 35色 钩针4/0号

★19…马海毛/腈纶65% 马海毛35% 每卷25g 约100m 36色 钩针4/0号

★20…Mohair Premier/马海毛55%（马海羔羊毛）腈纶35% 羊毛10% 每卷25g 约90m 22色 钩针5/0号

★21…Couche/腈纶76% 尼龙13% 羊毛11% 每卷40g 约110m 8色 钩针7/0号

▲22…Saint・Gilles/棉61% 麻（亚麻）39% 每卷25g 约130m 12色 钩针2/0号~3/0号

▲23…Cotton Kona Fine/棉100% 每卷25g 约105m 25色 蕾丝针0号~钩针2/0号

▲24…Cotton Kona/棉100% 每卷40g 约110m 25色 钩针4/0号~6/0号

▲25…Luxsic/棉100% 每卷40g 约136m 16色 钩针3/0号~4/0号

▲26…Silk Spin Lame/麻（亚麻）53% 丝40% 聚酯纤维7% 每卷25g 约125m 5色 钩针3/0号~5/0号

▲27…Arabis/棉100% 每卷40g 约165m 20色 钩针4/0号~6/0号

▲28…Antibes/棉55% 腈纶45% 每卷40g 约115m 8色 钩针5/0号~6/0号

▲29…New 2PLY/羊毛（防缩加工）100% 每卷25g 约215m 30色 蕾丝针0号~钩针2/0号

▲30…New 3PLY/羊毛（防缩加工）100% 每卷40g 约215m 30色 蕾丝针0号~钩针3/0号

▲31…New 4PLY/羊毛（防缩加工）100% 每卷40g 约150m 32色 钩针2/0号~4/0号

▲32…Kid Mohair Fine/马海毛79% 尼龙21% 每卷25g 约225m 28色 蕾丝针0号~钩针3/0号

▲33…Silked Fine/马海毛55%（超级马海羔羊毛）丝45% 每卷25g 约110m 14色 钩针4/0号~6/0号

▲34…Shetland/羊毛100%（英国羊毛100%）每卷40g 约90m 35色 钩针5/0号~7/0号

# 47

约 33cm（5 组花样）

作品详见P37

Cotton Kona Fine 浅粉色…5g，浅茶色…3g

钩针2/0号

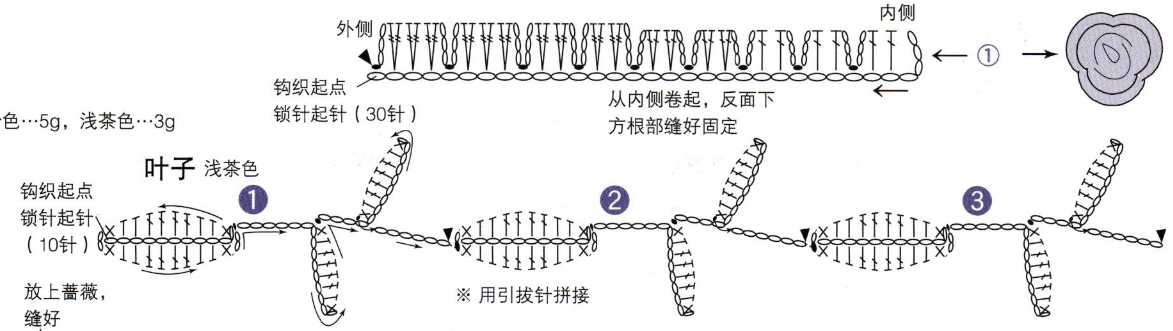

# 48

约 30cm（3 组花样）

作品详见P37

Emmygrande 本白色…4g，
粉色…4g，黄色…3g
（Colors）橙色…3g
钩针3/0号

※ 看着反面钩织第4行

※ 在第1行中钩织第4行的ᛝ

配色表

| 行数 | 花a | 花b | 花c |
|---|---|---|---|
| 5 | 橙色 | 本白色 | 粉色 |
| 1～4 | 黄色 | 黄色 | 黄色 |

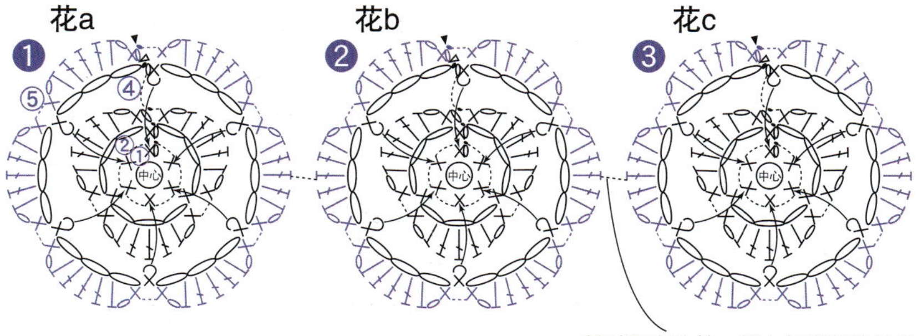


暂时取出钩针，插入相邻花的针目中，引拔拉出针目后钩织长针

# 49

约 32cm（4½ 组花样）

作品详见P37

纯毛中细 粉色…5g
马海毛（Colorful）
粉色与白色混合…2g
马海毛 茶色…1g
钩针3/0号

花 粉色

蝴蝶 ——=茶色
——=粉色与白色混合

※ 先钩织花，再一边把蝴蝶拼接到花上，一边继续钩织。暂时取出针插入相邻花的针目中，然后引拔拉出之前的针目，接着织入长针、锁针

※ 在上两行箭头所指的针目中钩织花第3行的ᛝ

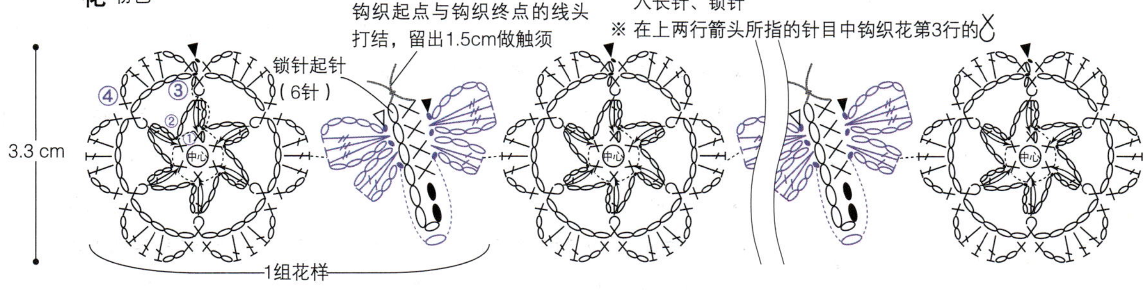


# 50

约 31cm（3 组花样）

作品详见P37

Emmygrande（Colors）金黄色…2g，橙色…3g
Emmygrande 红色…4g
钩针3/0号

※分别在第1行中钩织第2行的ᛝ

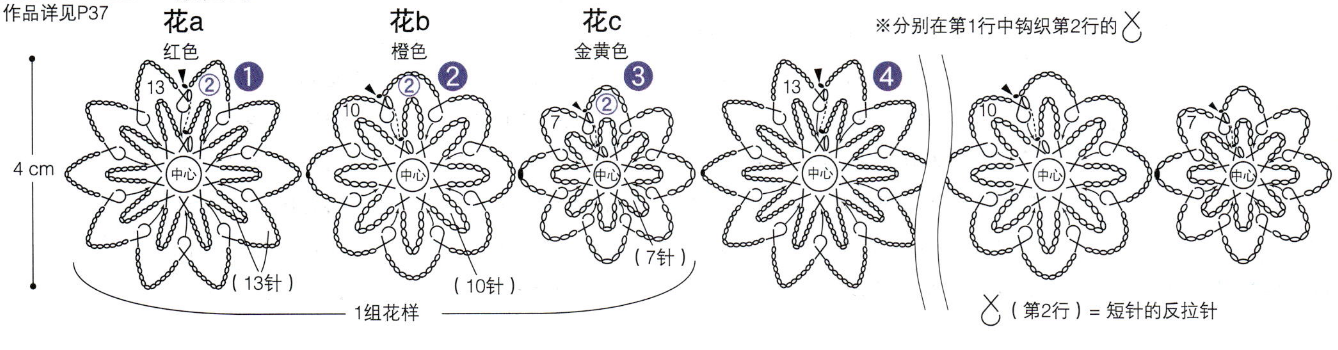


ᛝ（第2行）= 短针的反拉针

# 98

约 34cm（6½ 组花样）

作品详见P69

Cotton Kona Fine 本白色…4g，红色…1g
Silk Spin Lame 掺入白色的银色线…2g
填充棉少许
钩针2/0号

## 蜡烛的钩织方法

1. 钩织两块蜡烛中央的配件A。
2. 两块正面朝外相对合拢，在3边中钩织短针。
3. 塞入少许填充棉后缝合剩余的1边，钩织火焰。

※ 钩织必要块数的蜡烛，再按照下图方式钩织连接花样，同时继续往下钩织

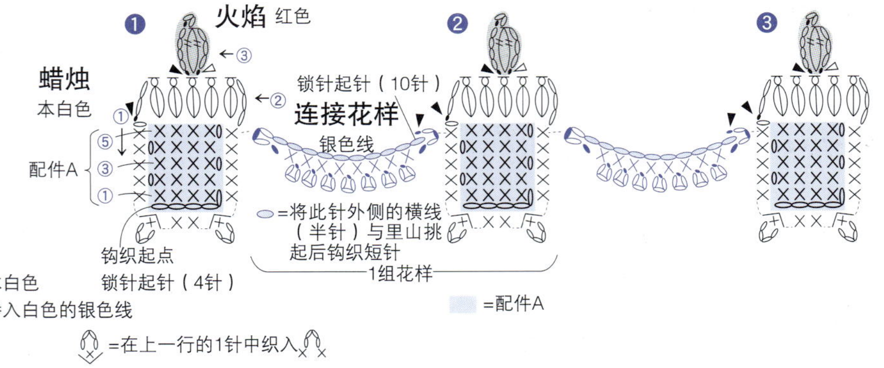


# 99

约 37cm（6½ 组花样）

作品详见P69

Cotton Kona Fine 绿色…6g，
本白色…2g，红色…2g
填充棉少许
钩针2/0号

※ 钩织必要块数的手杖，一边按照下图钩织靴子，一边与手杖拼接

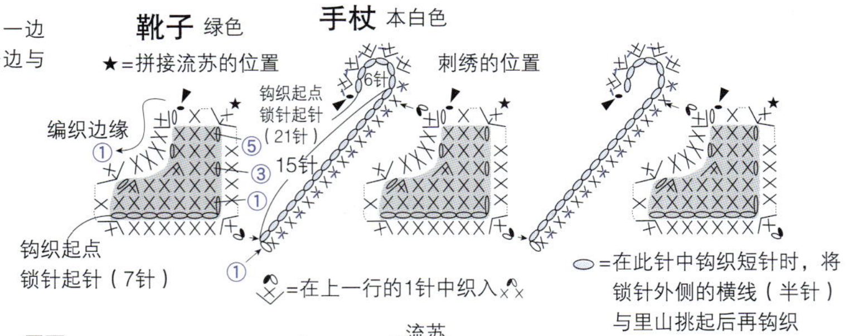

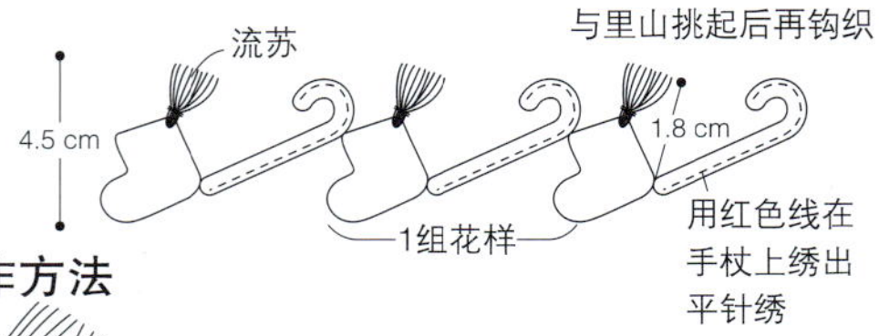


## 靴子的钩织方法

1. 钩织7针锁针起针，然后按照图示方法用短针钩织5行（配件A）。
2. 钩织两块配件A，正面与反面相对合拢，重叠后塞入填充棉，同时钩织花边缝合。再用引拔针将手杖拼接到指定位置。

## 平针绣

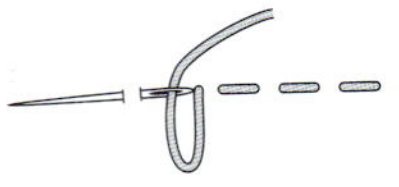

## 流苏的制作方法

1. 按照箭头所示插入针，挂线引拔拉出一半。
2. 引拔拉出后如图。
3. 用绿色线缠两圈后打结，线头处理到靴子的反面。

# 100

约 30cm（6½ 组花样）

作品详见P69

重点提示见P65

TiTi Crochet 胭脂色…7g，
本白色…6g，粉色…3g
填充棉少许
钩针2/0号

## 礼物盒（大） 胭脂色

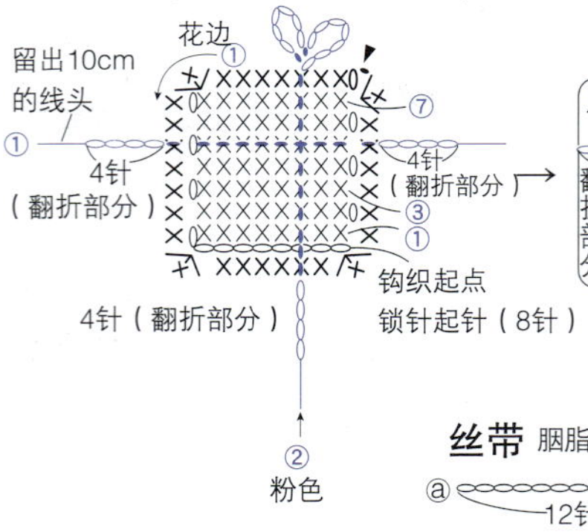


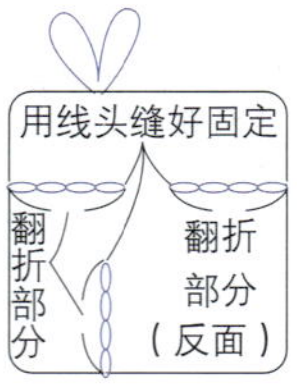


## 礼物盒（小） 本白色

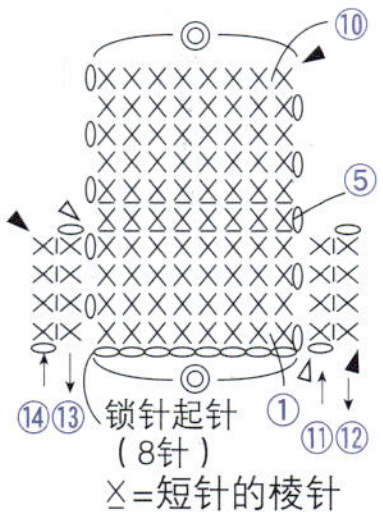


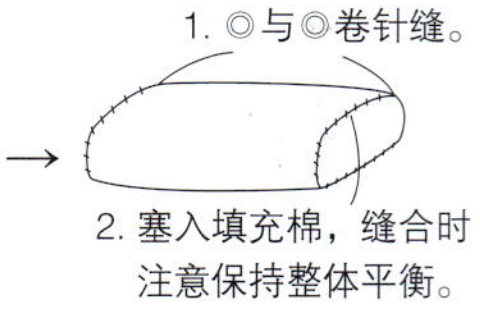


## 卷针缝

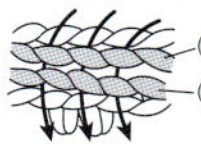

礼物盒（小）钩织起点与终点（◎印记处）合拢，挑起半针后卷针缝

## 丝带 胭脂色

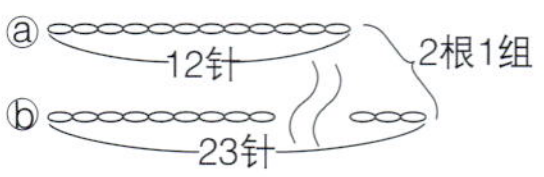


## 花 胭脂色

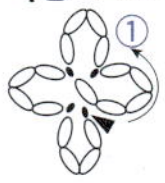

## 拼接方法

丝带在礼物盒（小）上打结

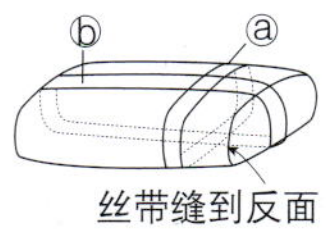


1. 丝带ⓐ和ⓑ缝到礼物盒上。

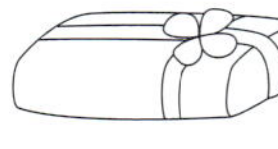

2. 花拼接到中央，与丝带一起固定。

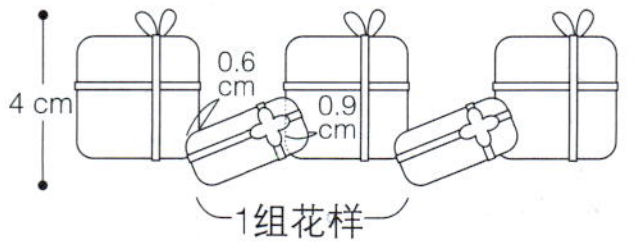


※ 配置大、小礼物盒时注意整体平衡性，缝好

# Basic Lesson

# 钩针钩织的基础

## 记号图的看法

记号图由日本工业标准（JIS）规定，表示正面看到的效果。钩针编织中没有正面钩织与反面钩织的区别（挑针除外），正面、背面交替编织的平针，也用完全相同的记号表示。

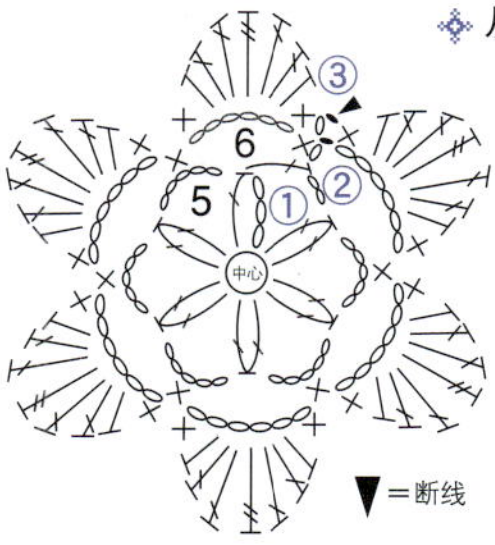


### 从中心开始钩织圆环时

在中心处做环（或者锁针针目），像画圆一样逐行钩织。每行以立起锁针开始织。通常情况下是正面向上，看着记号图由右向左织。

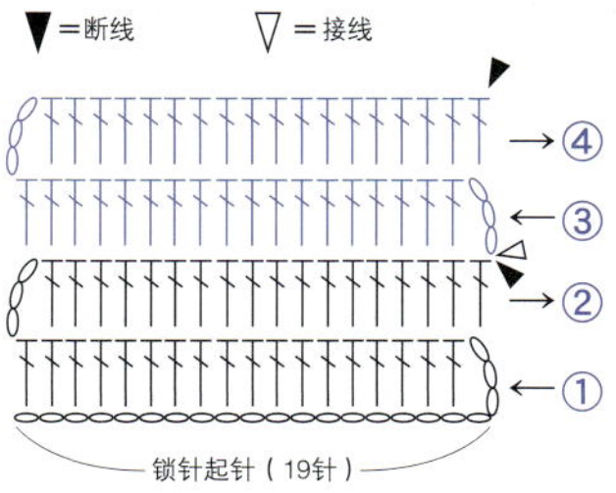


### 织平针时

特点是左右两边都有立起锁针，右侧织好立起锁针将正面向上，看着记号图由右向左织。左侧织好立起锁针时背面向上，看着记号图由左向右织。

## 锁针的看法

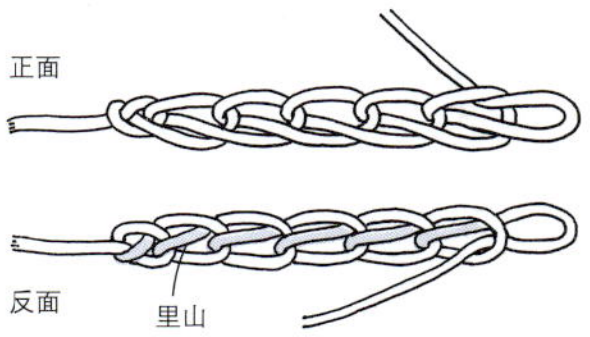


锁针有正反之分。
反面中央的一根线称为锁针的“里山”。

## 线和针的持法

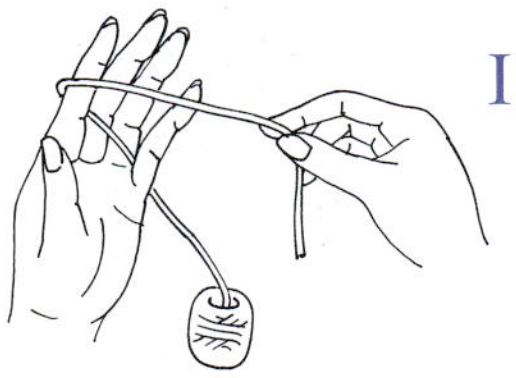

1 将线从左手小指和无名指间穿过，绕到食指上后将线头拉出。

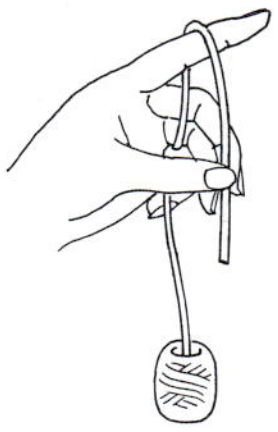

2 用拇指和中指持线头，挑起食指使毛线拉直。

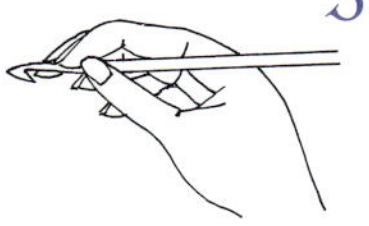

3 用拇指和食指持针，中指轻轻放到针头处。

## 起针的方法

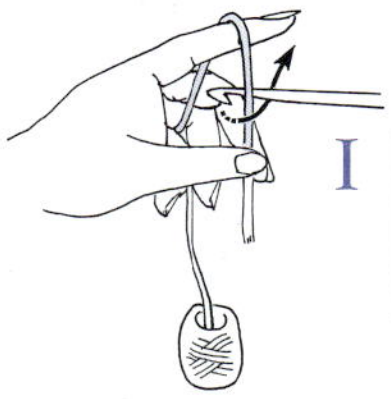

1 从毛线内侧插入钩针，旋转针头。

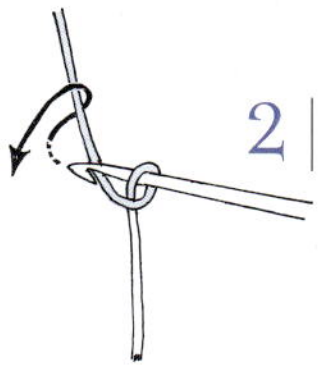

2 在针尖挂线。

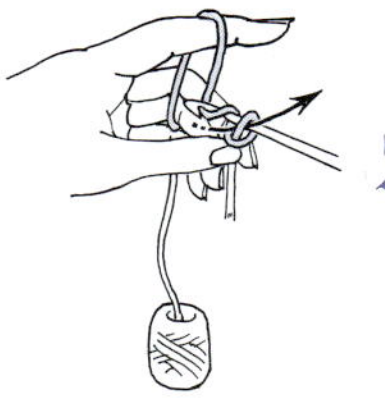

3 钩针从线圈中心穿过，将线拉出。

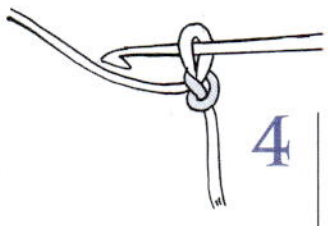

4 拉动线头，收紧针目，起针完成。这不算作1针。

## 起针

从中心开始钩织圆环时
（用线头制作圆环）

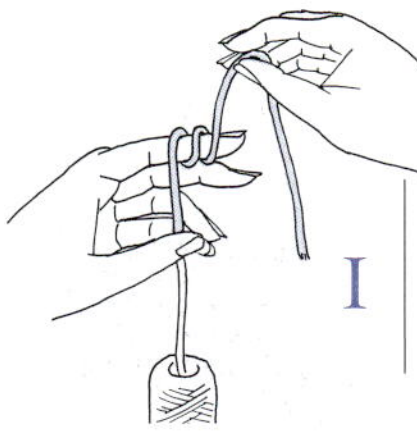

1 将线在左手食指上绕两圈，使之成环状。

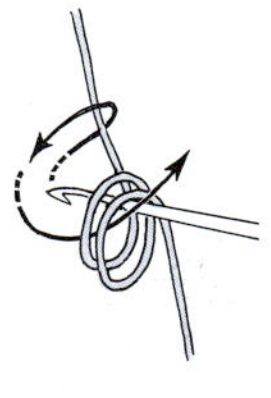

2 从手指上脱下已缠好的线圈，将针穿过线圈，把线钩到前面。

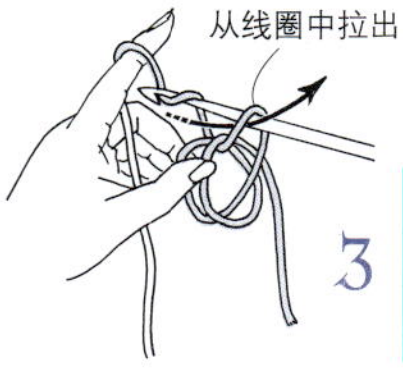


3 在针上挂线，将线拉出，钩织立起锁针。

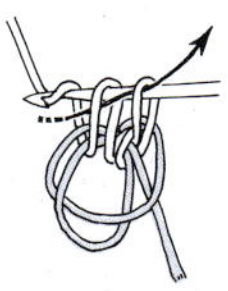

4 织第1行，在线圈中心入针，织需要的针数。

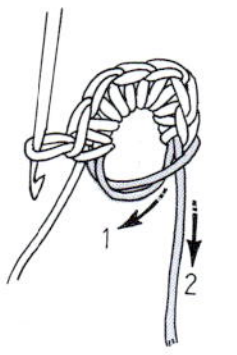


5 将针抽出，将最开始的线圈的线和线头抽出，收紧线圈。

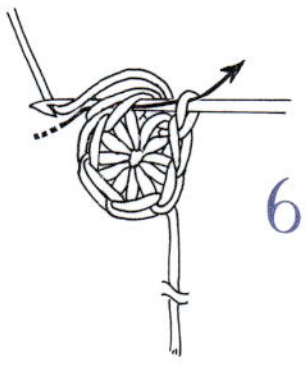

6 第1行结束时，在最初短针的头针中入针，将线拉出。

从中心开始钩织圆环时
(用锁针制作圆环)

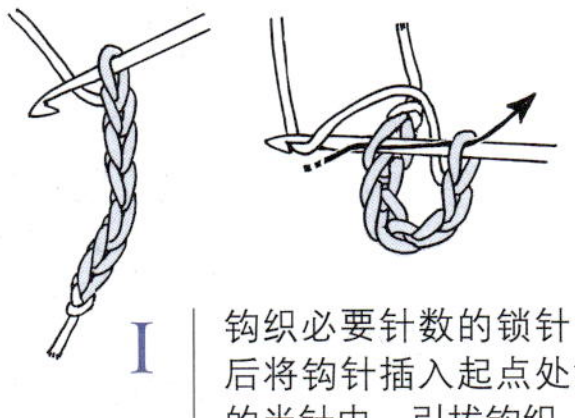

1 钩织必要针数的锁针，然后将钩针插入起点处锁针的半针中，引拔钩织。

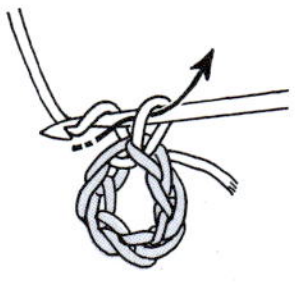

2 针尖挂线，引拔拉出线，再织入立起锁针。

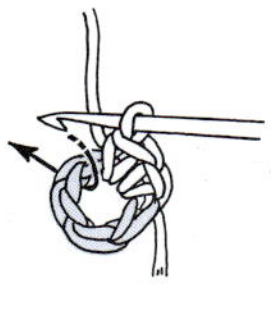

3 钩织第1行时，钩针插入圆环中，将锁针成束挑起后钩织必要针数的短针。

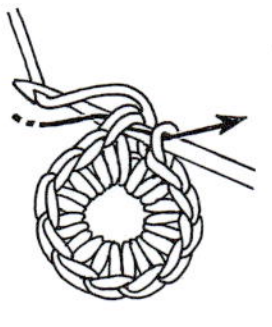

4 第1行的钩织终点处，将钩针插入最初短针的头针中，挂线后引拔钩织。

# 钩针钩织的基础

## 起针

平针编织时

1

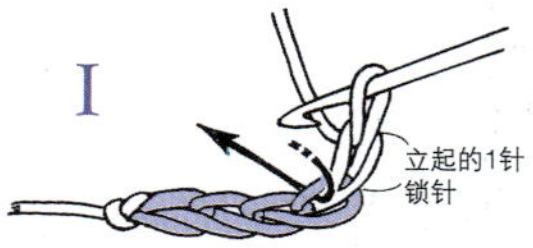


编织必要针数的锁针和起针的锁针，从第2针的锁针位置入针。

2

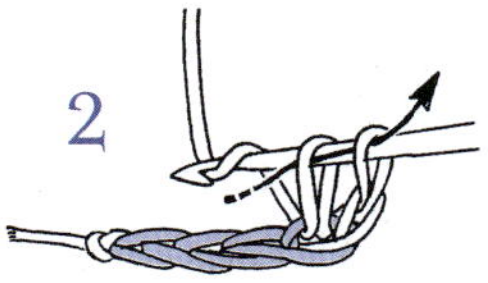

针上挂线，将线拉出。

3

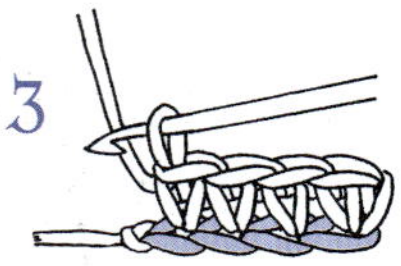

第1行编织完成。

## 前一行的入针方法

即使是同样的枣形针，根据记号图的不同，挑针的方法也会不同。记号图的下方闭合时表示在上一行的同一针中钩织，记号图的下方开口时表示将上一行的锁针成束挑起钩织。

在同一针目中钩织

1

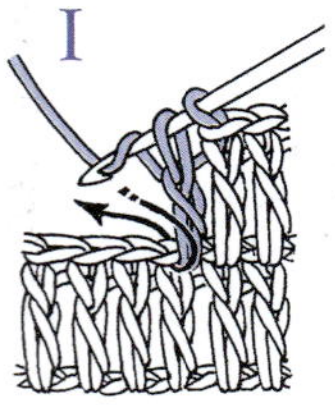

2

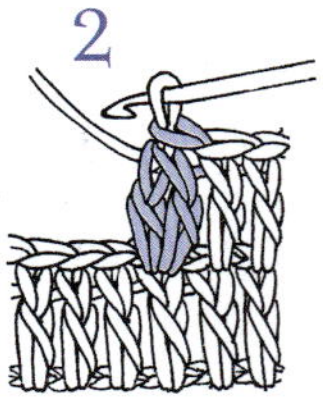

将锁针成束挑起后钩织

1

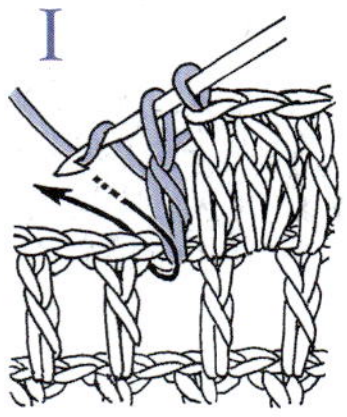

2

## 钩针符号

锁针

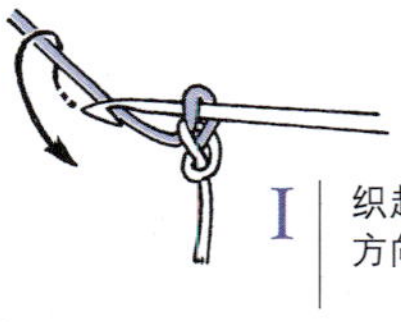

1 织起针时，按箭头方向移动钩针。

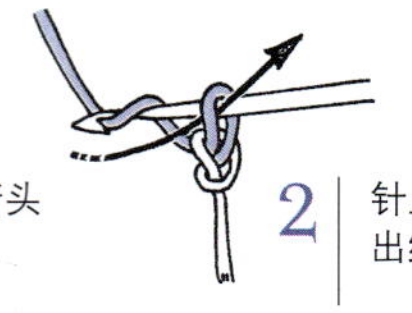

2 针上挂线拉出线圈。

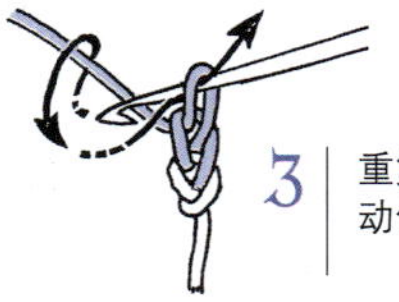

3 重复相同动作。

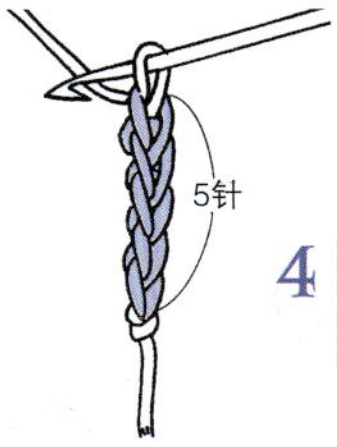

4 5针锁针完成。

引拔针

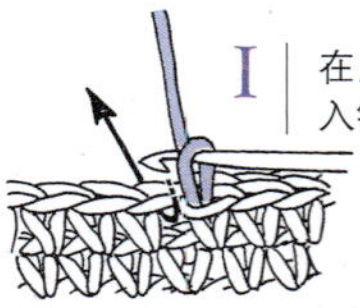

1 在上一行插入钩针。

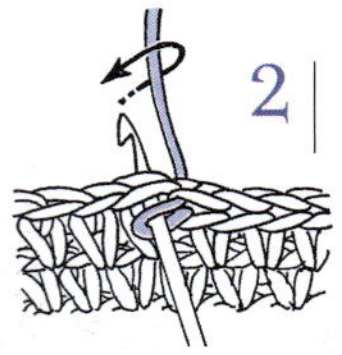

2 针上挂线。

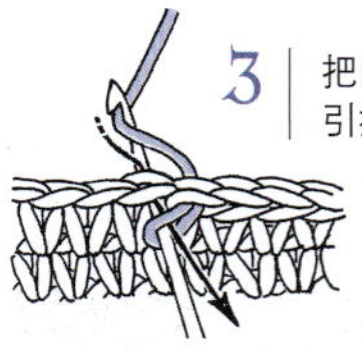

3 把线一次性引拔穿过。

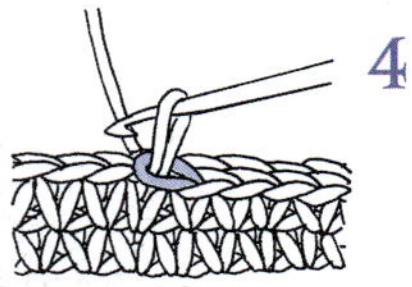

4 1针引拔针完成。

短针

1

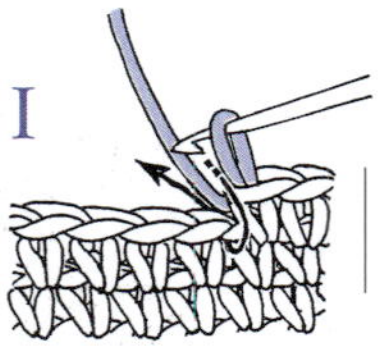

在上一行插入钩针。

2

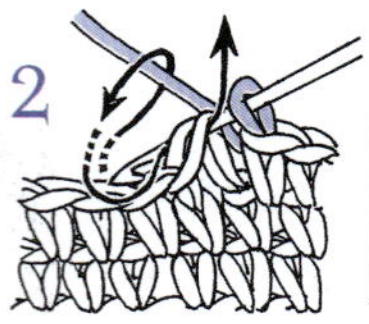

针上挂线，将线拉到前面。

3

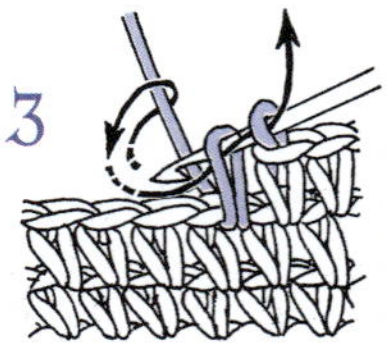

针上挂线，一次性引拔穿过2个线圈。

4

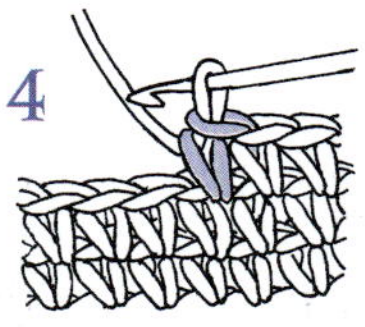

1针短针完成。

中长针

1

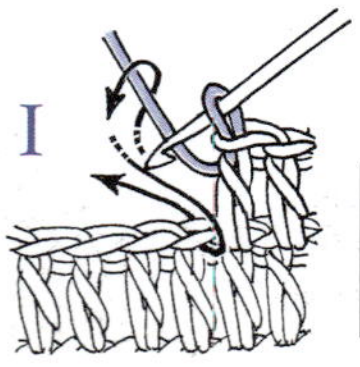

针上挂线后，把针插入上一行。

2

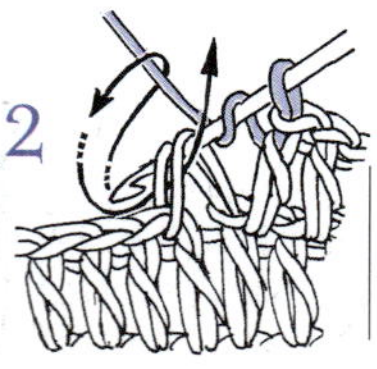

再针上挂线，把线圈抽出。

3

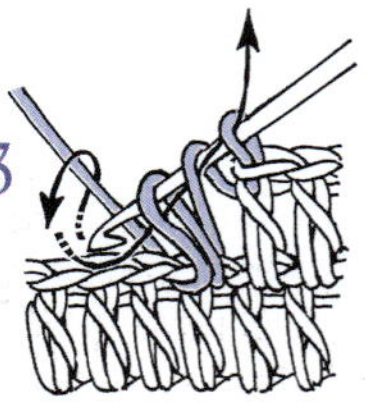

针上挂线，一次性引拔穿过3个线圈。

4

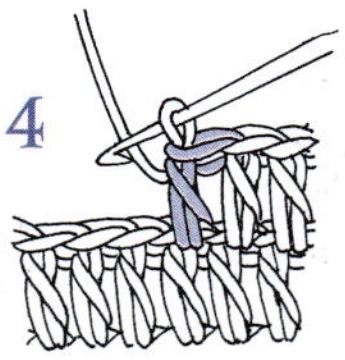

1针中长针完成。

**|钩针符号|**

长针

1

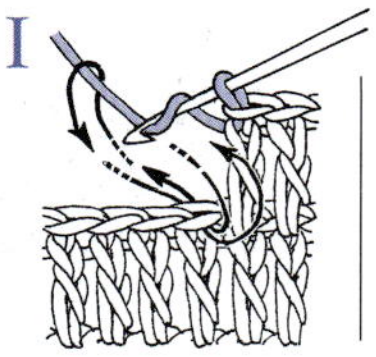

针上挂线后把针插入上一行，再针上挂线，把线圈拉出。

2

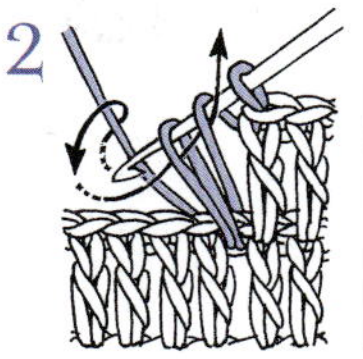

按箭头所指方向，针上挂线后引拔穿过2个线圈。

3

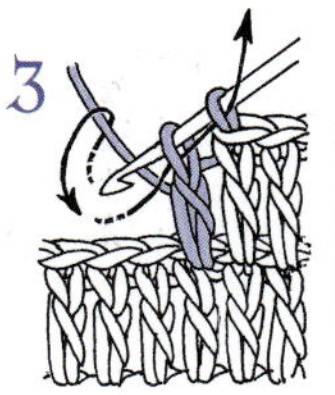

再次针上挂线，引拔穿过剩下的2个线圈。

4

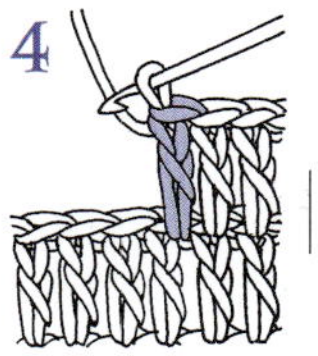

1针长针完成。

长长针

三卷长针

1

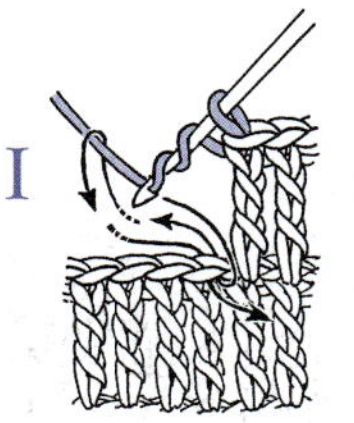

将线在钩针上绕2圈，把针插进上一行里，然后再绕1圈线，拉出线圈。

2

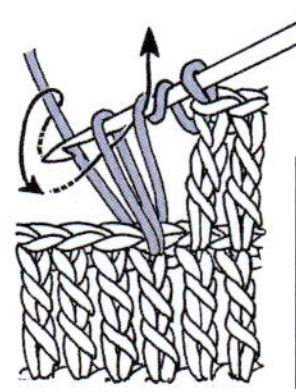

针上挂线，按照箭头指示的方向从2个线圈中一次性拉出。

3

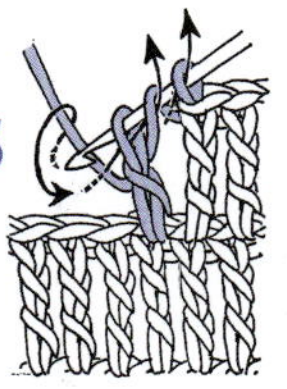

再按上述步骤重复2次（三卷长针重复3次）。

4

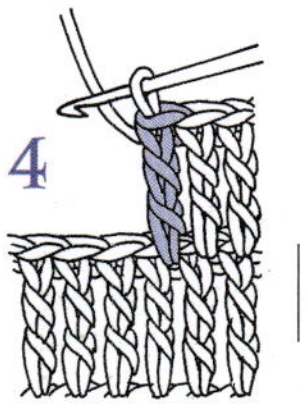

长长针完成。

短针2针并1针

1

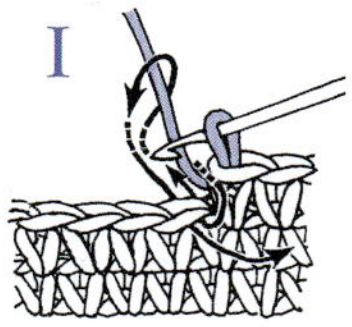

在一针处按箭头指示方向插入钩针，拉出1个线圈。

2

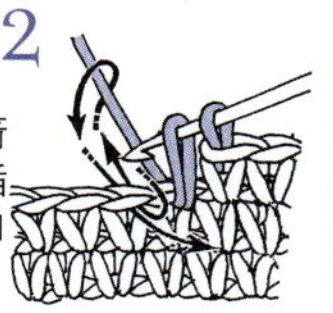

在下一针处再按照同样方式拉出1个线圈。

3

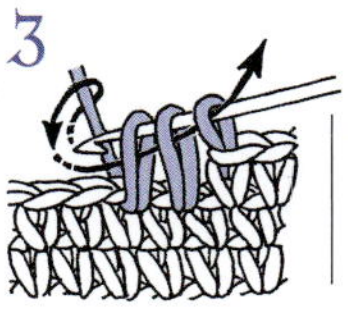

针上挂线，一次性引拔穿过3个线圈。

4

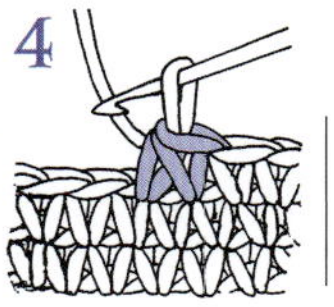

短针2针并1针完成。整体针数减1针。

短针1针分2针

短针1针分3针

1

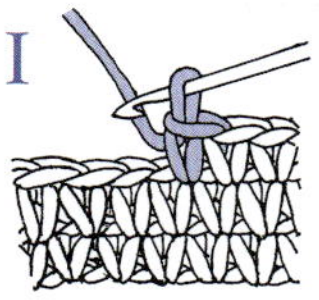

钩织1针短针。

2

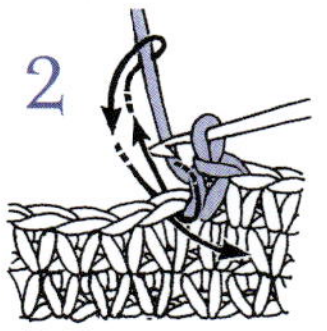

钩针插入同一针目中，引拔穿过线圈。

3

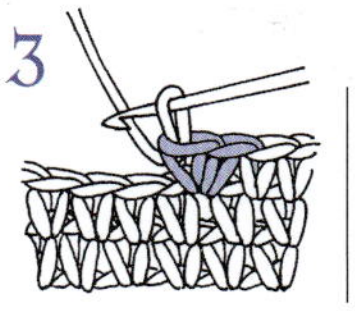

钩织完2针短针后如图。再在同一针目中织入1针短针。

4

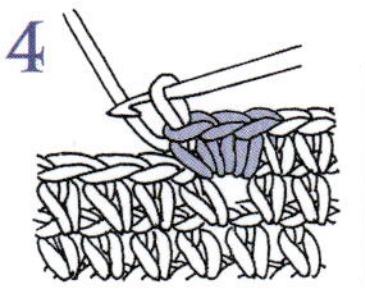

在上一行的1个针目中织入了3针短针（比上一行多2针）。

长针2针并1针

1

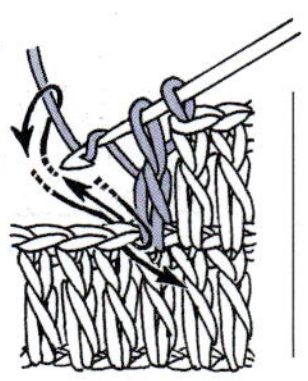

在上一行1针处织未完成的长针，然后按箭头所示，将钩针插入下一针目中，拉出线圈。

2

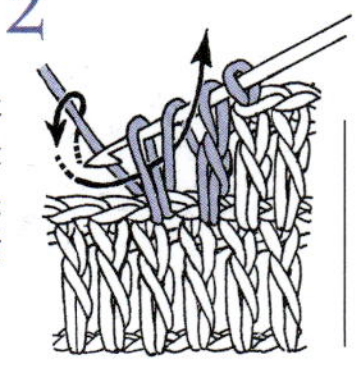

针上挂线，一次性引拔穿过2个线圈，织第2针未完成的长针。

3

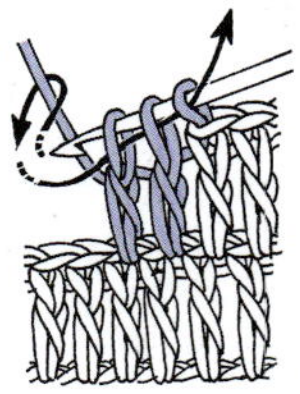

针上挂线，一次性引拔穿过3个线圈。

4

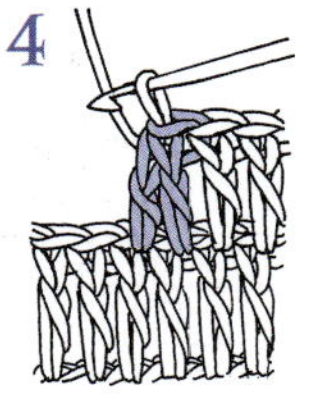

长针2针并1针完成。比上一行减少1针。

长针1针分2针

1

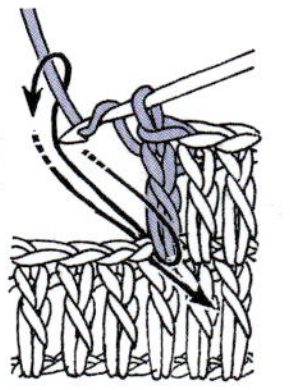

织1针长针，同一针目处再织1针长针。

2

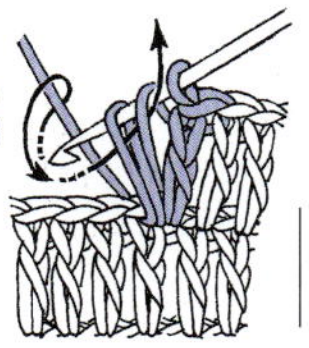

针上挂线，引拔穿过2个线圈。

3

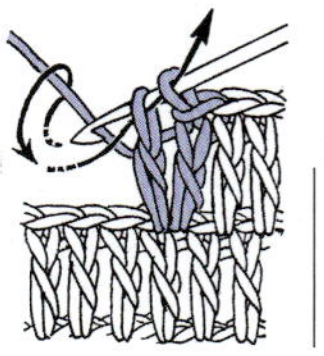

再针上挂线，引拔穿过剩下的2个线圈。

4

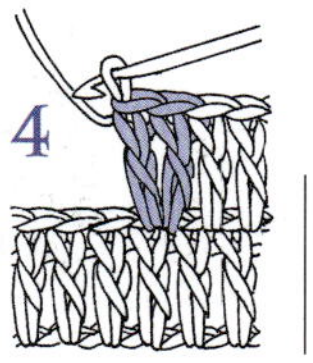

图中1个针目中织了2针长针。比上一行增加1针。

长针3针的枣形针

1

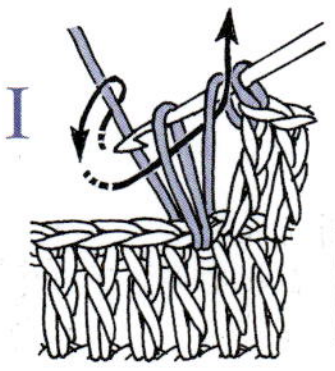

在上一行的线圈中，织1针未完成的长针。

2

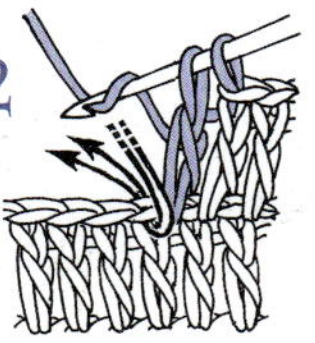

在同一针目处插入钩针，再织入2针未完成的长针。

3

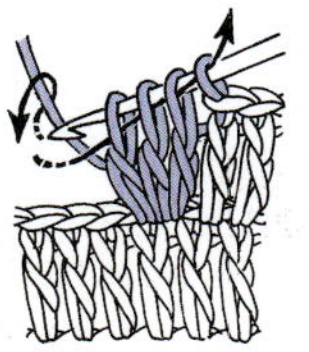

针尖挂线，一次性引拔穿过4个线圈。

4

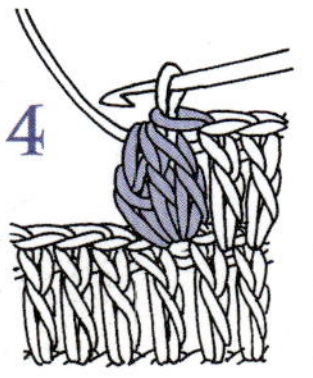

完成长针3针的枣形针。

## |钩针符号|

长针5针的爆米花针

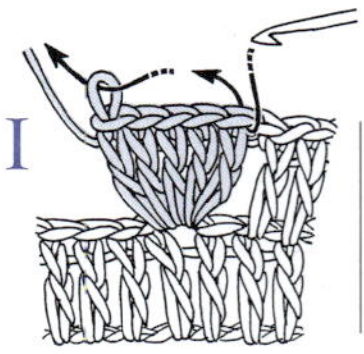

在上一行的同一针目中织入5针长针，然后暂时取出钩针，按照箭头所示插入。

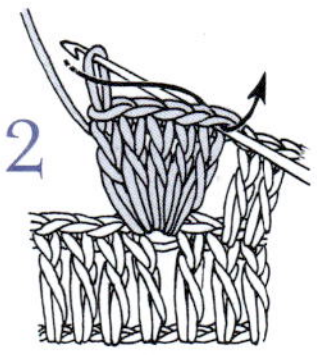

按照箭头所示从内侧引拔针尖的针目。

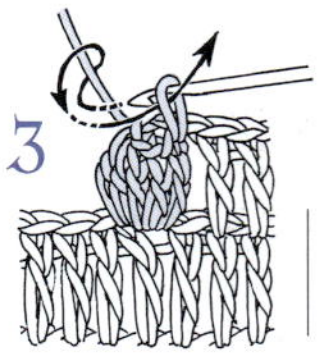

再钩织1针锁针，拉紧。

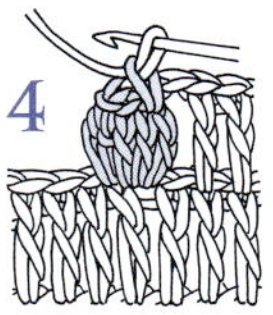

完成长针5针的爆米花针。

变化的枣形针

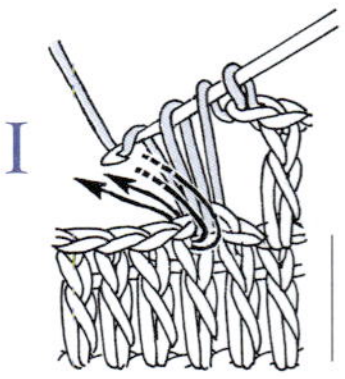

在1针处，钩织3针未完成的中长针。

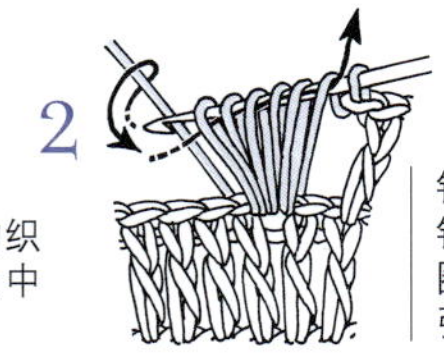

针上挂线，钩针从6个线圈中一次性引拔穿过。

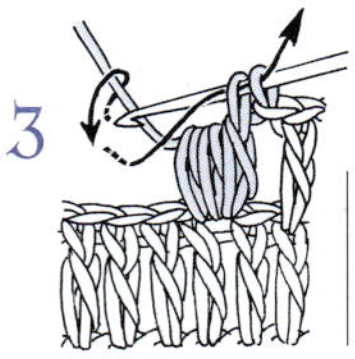

再一次在针上挂线，引拔穿过剩下的2个线圈。

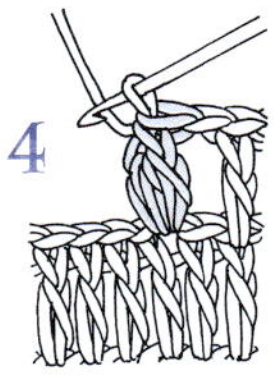

变化的枣形针完成。

短针的条针

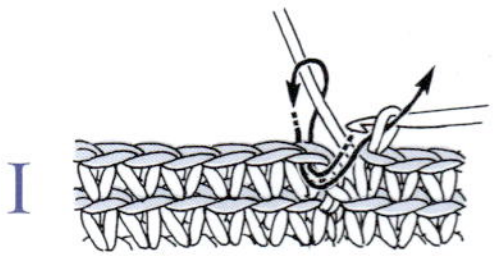

看着每行的正面钩织。短针钩织成圈，然后在最初的针目中引拔钩织。

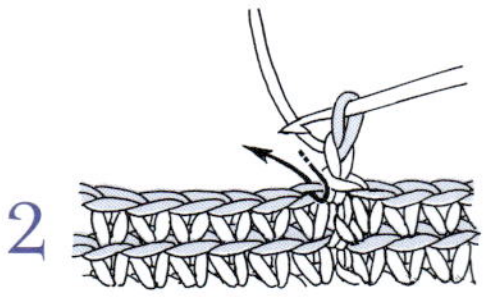

钩织1针立起的锁针，将上一行外侧的半针挑起，再钩织短针。

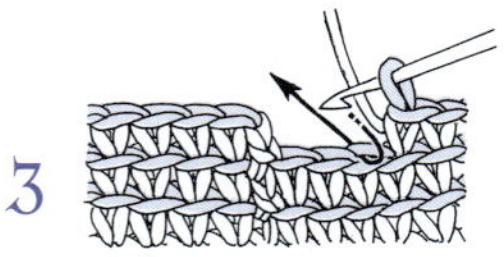

按照步骤2的要领，继续钩织短针。

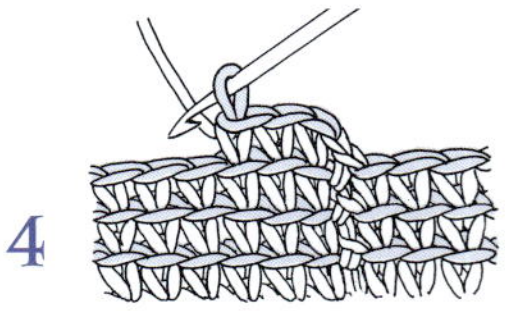

上一行内侧的半针形成条纹状。钩织完第3行短针的条针后如图。

短针的棱针

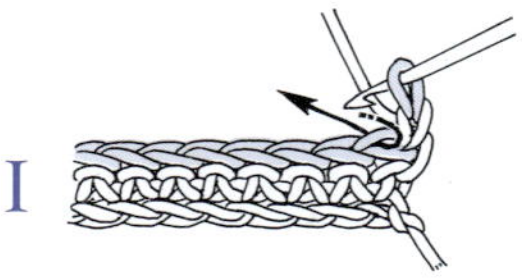

如箭头所示，在上一行外侧半针处将钩针插入。

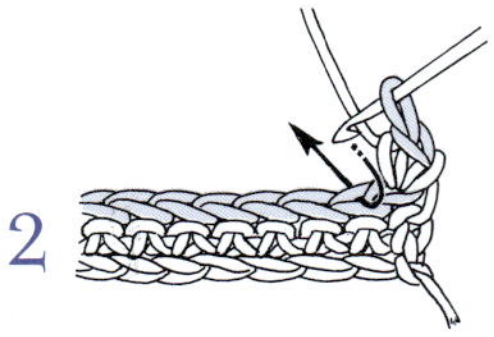

织短针，再按同样的方法将钩针插入下一针目外侧的半针中 。

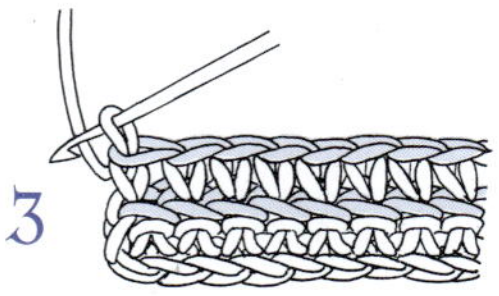

织到顶端后，变换织片的方向。

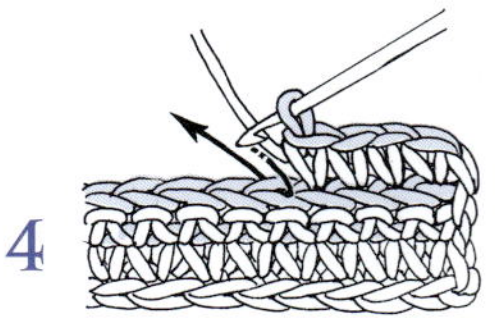

与步骤1、2相同，在上一行外侧半针处将针插入，织短针。

3针锁针的狗牙针

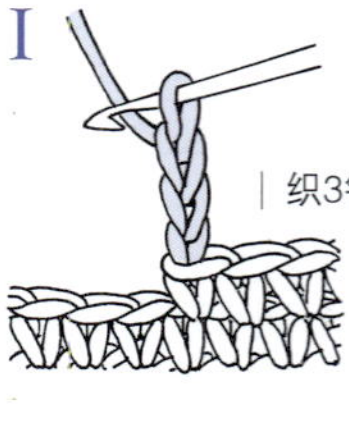

织3针锁针。

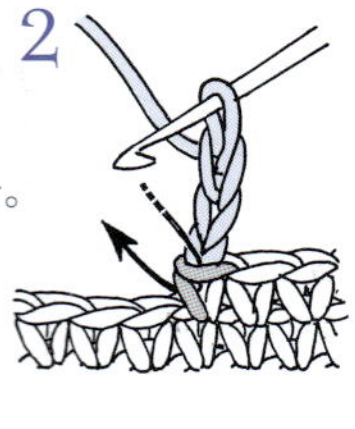

将钩针从短针的顶端及底部依次穿过。

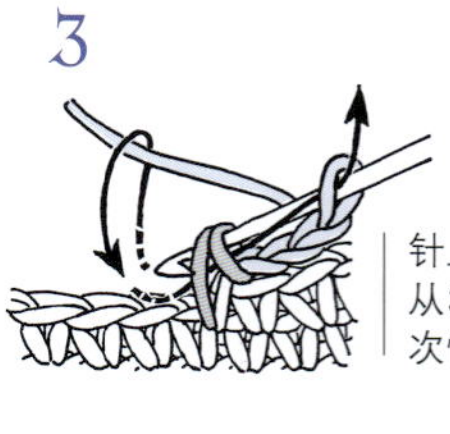

针上挂线，然后从3个线圈中一次性引拔穿过。

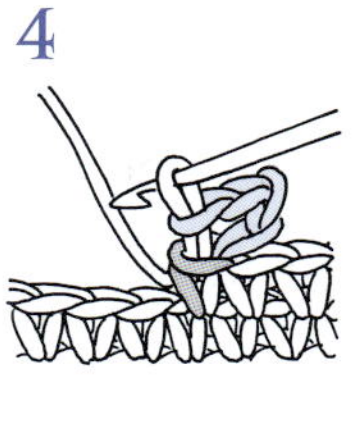

完成狗牙针。

短针的正拉针

※ 往复钩织中看着反面钩织时织入的是反拉针

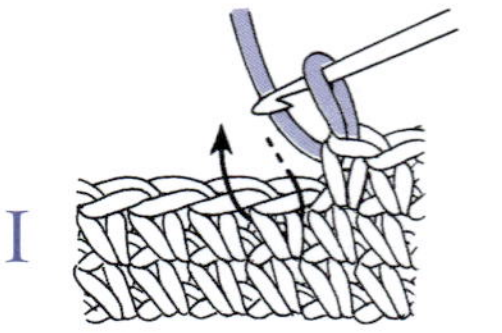

按照箭头所示将钩针插入上一行短针的尾针中。

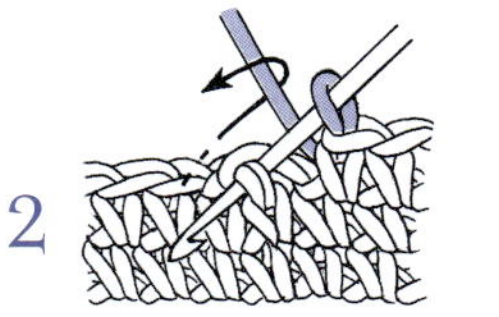

针上挂线，引拔抽出线，比短针略长。

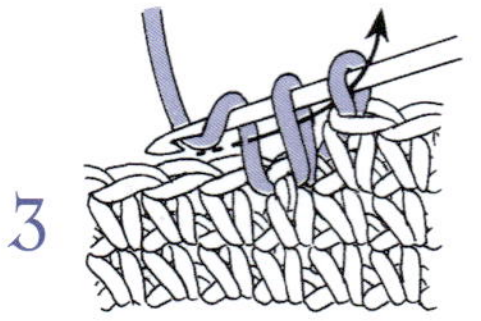

再次在针上挂线，一次性引拔穿过两个线圈。

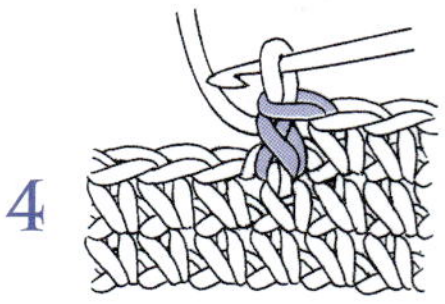

完成1针短针的正拉针。

## |钩针符号|

短针的反拉针

※ 往复钩织中看着反面钩织时织入的是正拉针

1 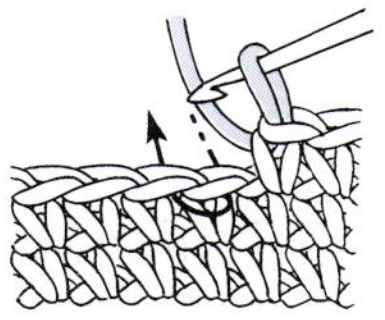

按照箭头所示从反面将钩针插入上一行短针的尾针中。

2 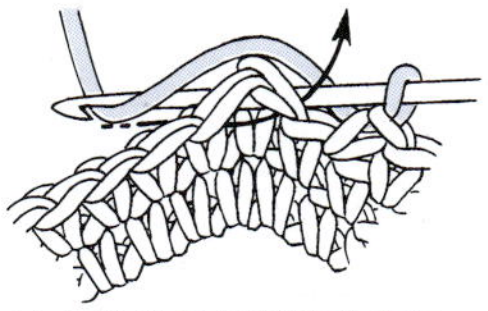

针上挂线后按照箭头所示从织片的外侧引拔抽出。

3 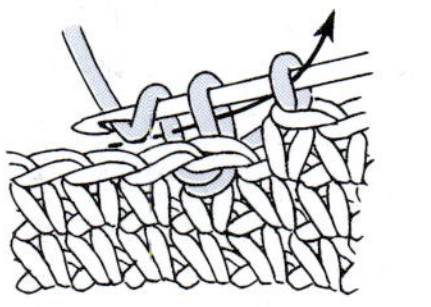

引拔抽出线，比短针略长，再次在针上挂线，一次性引拔穿过两个线圈。

4 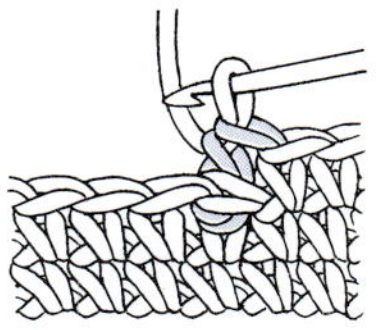

完成1针短针的反拉针。

长针的正拉针

※ 往复钩织中看着反面钩织时织入的是反拉针

1 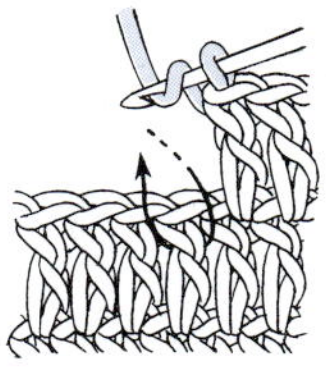

针上挂线，按照箭头所示，从正面将针插入上一行长针的尾针处。

2 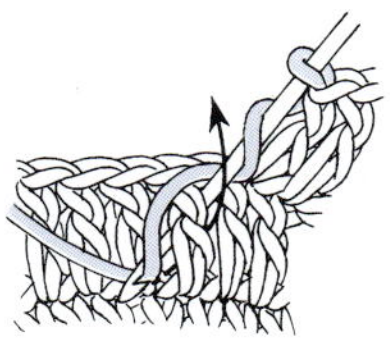

针上挂线，拉长线后引拔拉出。

3 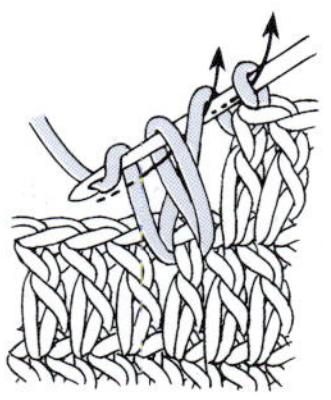

再次挂线，引拔穿过两个线圈。同一动作再重复1次。

4 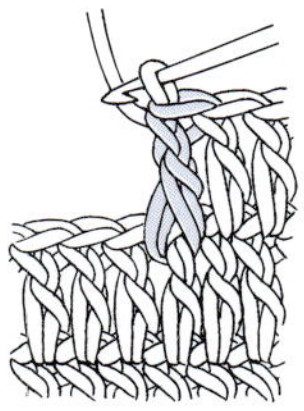

完成1针长针的正拉针。

长针的反拉针

※ 往复钩织中看着反面钩织时织入的是正拉针

1 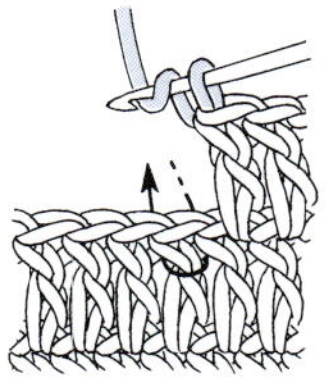

针上挂线，按照箭头所示，从反面将针插入上一行长针的尾针处。

2 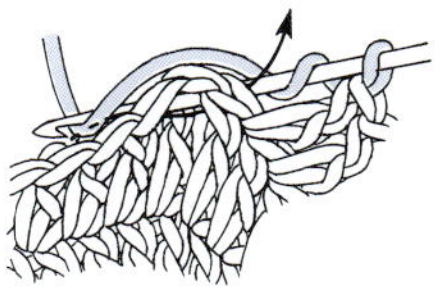

针上挂线，按照箭头所示从织片的外侧引拔抽出。

3 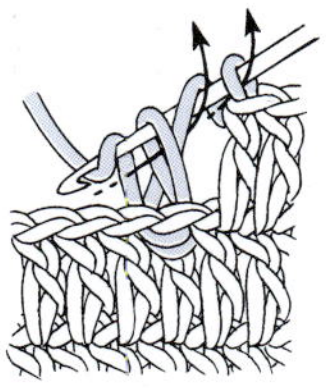

拉长线后引拔抽出，再次挂线，引拔穿过两个线圈。同一动作再重复1次。

4 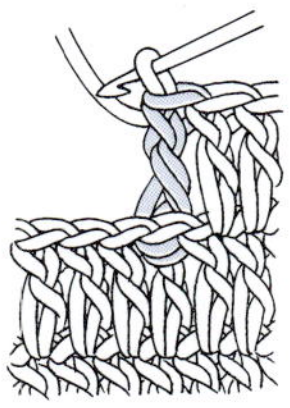

完成1针长针的反拉针。

# 其他基础索引



### 钩针日制针号换算表

| 日制针号 | 钩针直径 |
|---|---|
| 2 / 0 | 2.0mm |
| 3 / 0 | 2.3mm |
| 4 / 0 | 2.5mm |
| 5 / 0 | 3.0mm |
| 6 / 0 | 3.5mm |
| 7 / 0 | 4.0mm |
| 7.5 / 0 | 4.5mm |
| 8 / 0 | 5.0mm |
| 10 / 0 | 6.0mm |
| 0 | 1.75mm |
| 2 | 1.50mm |
| 4 | 1.25mm |
| 6 | 1.00mm |
| 8 | 0.90mm |

TITLE: [はじめてのかぎ針編み　かわいいエジング＆ブレード100　立体デコモチーフつなぎ]
BY: [E&G CREATES CO.,LTD.]

著作权合同登记号：图字16—2011—201

**图书在版编目（CIP）数据**

钩出超可爱立体小物件100款. 立体边饰篇 / 日本美创出版编著；何凝一译. —郑州：河南科学技术出版社, 2013.11
ISBN 978-7-5349-6491-6

Ⅰ. ①钩… Ⅱ. ①日… ②何… Ⅲ. ①钩针－编织－图集 Ⅳ. ①TS935.521-64

中国版本图书馆CIP数据核字(2013)第181695号

**策划制作：** 北京书锦缘咨询有限公司（www.booklink.com.cn）
**总 策 划：** 陈　庆
**策　　划：** 邵嘉瑜
**版式设计：** 柯秀翠

---

**出版发行：** 河南科学技术出版社
地址：郑州市经五路 66 号　　邮编：450002
电话：(0371) 65737028　65788613
网址：www.hnstp.cn
**责任编辑：** 刘　欣　梁　娟
**责任校对：** 柯　姣
**印　　刷：** 北京世汉凌云印刷有限公司
**经　　销：** 全国新华书店
**幅面尺寸：** 210 mm × 260 mm　**印张：** 5　**字数：** 120千字
**版　　次：** 2013年11月第1版　2013年11月第1次印刷
**定　　价：** 28.00元

---